ゼロから

QC検定®

品質管理検定®

3級 テキスト&問題集

最新レベル表対応

深江 葉 著

新装版

TAC出版
TAC PUBLISHING Group

QC検定 3級

本書の特長

QC検定®は品質管理に関する検定試験で、3級は品質に関わる問題解決が求められる社会人以外に、大学生や高専生、工業高校生も受験します。本書はインプットからアウトプット、そして直前対策までカバーしているので、1冊で合格レベルの実力を養成することができます。

※QC検定®は、一般財団法人日本規格協会の登録商標です。

問われるレベル

試験で出題される難易度のレベルを3段階で評価しています。
★が多いほど深い理解が必要です。

★★★	内容を深く理解しているレベル
★★	定義と基本的な考え方を理解しているレベル
★	言葉を知っているレベル

問われやすさがはっきりわかる！

毎回平均「何点分」出題されるかわかるので、重要度を意識して学習できます。試験直前は点数の高い範囲を選んで復習しましょう。

色のついているところを覚える

得点につながりやすい部分は色字にして目立つようにしています。

「この用語なんだっけ？」で迷わない

専門的な用語は一度では覚えられないもの。何度も説明を載せているので、ページを戻る必要がありません。

覚える！ は丸暗記必須

特に重要な内容をまとめています。

理解や学習の助けになる情報を補足

試験で問われる頻度は少ないですが、理解の助けになる情報を載せています。

1 工程能力指数

毎回平均 3.3/100点

工程能力指数の定義

工程能力指数は、安定状態※1 にある工程が品質を実現する能力（工程能力）を測る指標です。工程能力指数は、工程が安定状態にあるときに、データのばらつきがどのくらいの余裕をもって規格※2 内に収まるかを数値で示すため、安定状態を確認する管理図や、ばらつきの状態を確認するヒストグラムと組み合わせて用います。

※1 安定状態（統計的管理状態）：工程のばらつきが避けられない原因によってのみ発生している状態。
※2 規格：要求される品質の基準。規格の上限を上回ったり、下限を下回ったりしている場合は不適合品として扱います。

覚える！

《 工程能力指数 》

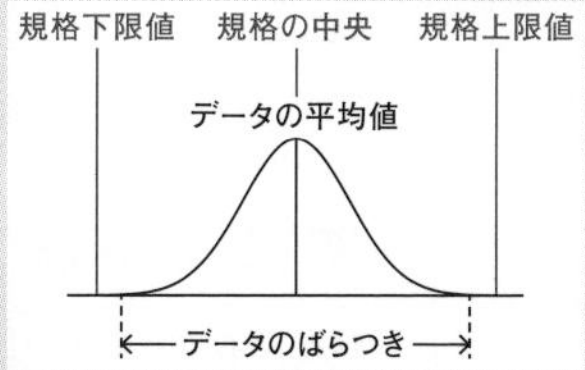

工程能力指数
データのばらつきがどのくらいの余裕を持って規格内に収まるかを数値で示す

参考	工程能力指数は精度の指標です。なお、精度とは、ばらつきの程度のことで、ばらつきが小さいほど精度が高いということになります。

QC検定 3級

学習スケジュールは
「2週間でバッチリ！ 学習計画」を
参照してください。

本書の構成と効果的な学習法

STEP 1

その章の内容をイメージする

その章の内容と、単元ごとの出題実績を明示しています。（最新の出題実績はHPに掲載）

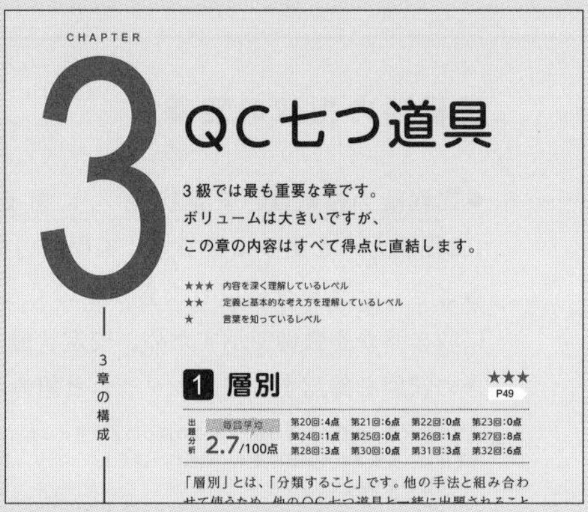
CHAPTER 3

QC七つ道具

3級では最も重要な章です。
ボリュームは大きいですが、
この章の内容はすべて得点に直結します。

★★★ 内容を深く理解しているレベル
★★ 定義と基本的な考え方を理解しているレベル
★ 言葉を知っているレベル

3章の構成

1 層別 ★★★ P49

出題分析 毎回平均 2.7/100点

第20回:4点 第21回:6点 第22回:0点 第23回:0点
第24回:1点 第25回:0点 第26回:1点 第27回:8点
第28回:3点 第30回:0点 第31回:3点 第32回:6点

「層別」とは、「分類すること」です。他の手法と組み合わ

STEP 2

本文で学習する

端的でわかりやすい説明で、短時間でも理解できます。複雑な内容は例題を解いて理解をしましょう。

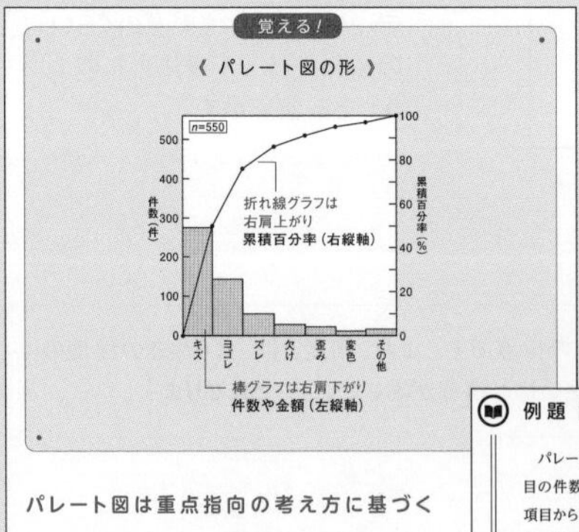

パレート図は重点指向の考え方に基づく

限られた経営資源のもとで、問題解決に取り組むとき、
題にまんべんなく取り組むのではなく、結果への影響の大
ら取り組んでいく考え方が重点《じゅうてん》指向《しこう》です。重点指向の考え
組むべき課題の優先順位を教えてくれる手法の一つがパ
す。

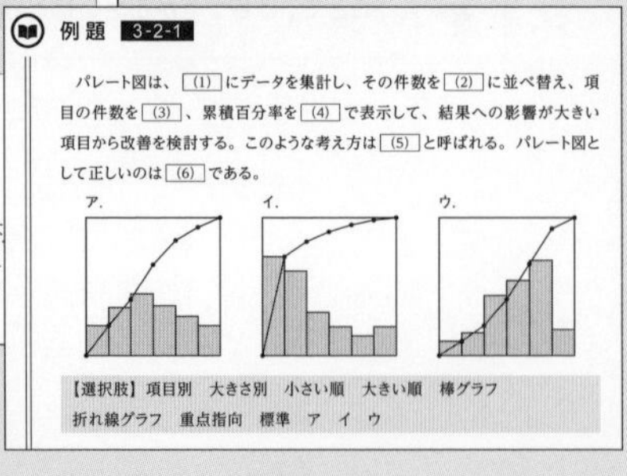
例題 3-2-1

パレート図は、(1) にデータを集計し、その件数を (2) に並べ替え、項目の件数を (3) 、累積百分率を (4) で表示して、結果への影響が大きい項目から改善を検討する。このような考え方は (5) と呼ばれる。パレート図として正しいのは (6) である。

ア. イ. ウ.

【選択肢】項目別 大きさ別 小さい順 大きい順 棒グラフ
折れ線グラフ 重点指向 標準 ア イ ウ

章末の「重要ポイントのまとめ」で全体の内容を整理

重要事項をまとめているので、何が大事だったかがわかります。

CHAPTER

3

重要ポイントのまとめ

POINT

1 層別

❶層別は、母集団を分類する考え方。

❷データを取る前にデータの性質や履歴を明らかにしておく。

❸全体として見れば関係がありそうでも層別をすると関係がない場合や、逆の場合もあるため注意する。

STEP 3　STEP 4　STEP 5

章末の予想問題で試験レベルをつかむ

過去問を分析して作成した予想問題を掲載。直前期は「重要ポイントのまとめ」→「予想問題」の繰り返しで総仕上げをしましょう。

CHAPTER

3

予想問題　問　題

問 1 QC 七つ道具

QC 七つ道具について、それぞれの手法に対応する説明を選択肢から選べ。

① 層別　(1)

② パレート図　(2)

③ 特性要因図　(3)

④ ヒストグラム　(4)

巻末の模擬試験に挑戦する

巻末に1回分の模擬試験を掲載。これで実践力を養いましょう。

模擬試験　問　題

【問 1】　基本統計量に関する次の文章において、□内に入るもっとも適切なものを下欄のそれぞれの選択肢からひとつ選べ。ただし、各選択肢を複数回用いることはない。

製品の重量を測定したところ、測定順に 21.1，22.1，20.8，20.7，21.7（g）が得られた。このデータから計算した平均値 $\bar{x}$ は (1) 、中央値 $\tilde{x}$ は (2) となる。また、範囲 R は (3) 、平方和 S は (4) 、標準偏差 s は (5) となる。

【 (1) ～ (5) の選択肢】

ア．0.538　イ．0.55　ウ．0.602　エ．1.203　オ．1.4

カ．1.448　キ．20.7　ク．21.1　ケ．21.28　コ．21.4

QC 検定 3級

QC検定®の概要

QC検定®とは

QC検定®（品質管理検定®）は、品質管理に関する知識を確認するための検定で、一般財団法人日本規格協会と一般財団法人日本科学技術連盟が主催しています。

3級試験について

試験日程	年2回（9月と3月）
試験時間	90分
出題形式	マークシート
合格基準	手法分野・実践分野に分類し、各分野の得点が約50％以上及び、総合得点が約70％以上
受検料	5,170円
試験日の持ち物	受検票、筆記用具、時計、電卓（関数電卓は不可）
受検資格	なし

3級で求められる知識・能力

品質管理の実践	品質管理の手法
◉QC的なものの見方・考え方 ◉品質の概念 ◉管理の方法 ◉品質保証：新製品開発／プロセス保証 ◉品質経営の要素：方針管理／日常管理／標準化／小集団活動／人材育成／品質マネジメントシステム	◉データの取り方とまとめ方 ◉QC七つ道具 ◉新QC七つ道具 ◉統計的方法の基礎 ◉管理図 ◉工程能力指数 ◉相関分析

※受検に関する最新情報および、本書が依拠する「品質管理検定レベル表（Ver.20150130.2）」については、試験実施団体のホームページで必ずご確認ください。

QC検定 3級

試験問題のイメージ

出題形式

15～20の範囲から出題され、問題数は100問前後です。

制限時間は90分で、穴埋め問題と○×問題があります。

ほぼこっち　0～15問程

解答のしかた

マークシートで解答します。

穴埋め問題は4個程度の空欄に対し、10個程度の選択肢から選びます。

【(55)～(58)の選択肢】			
ア．重点指向	イ．三現主義	ウ．作業手順書	エ．FMEA
オ．QC工程図	カ．再発防止	キ．応急対策	ク．未然防止

○×問題は○か×かをマークします。

【問18】次の文章で正しいものには○、正しくないものには×を選べ。

① 製品やサービスの特性値に対して、測定や試験、ゲージ合わせなどを行い、規定要求事項に適合しているかどうかを判定する活動を検査という。 (90)

ポイント

3級は基本的なことを覚えておけば合格でき、変わった問題や、ひねった問題は少ない傾向です。

試験時間の余裕は少なめなので、少し急いで解く必要があります。

3級は計算問題2割、用語問題8割くらいの割合です。

QC 検定 3級

3級の全体像

計算がメインの章は学ぶ順番が大事です。矢印の順番に学習しましょう。一方、用語がメインの章はどの順番で学習してもよいので、勉強に行き詰ったら、ほかの章に移っても良いでしょう。

計算がメイン　用語がメイン

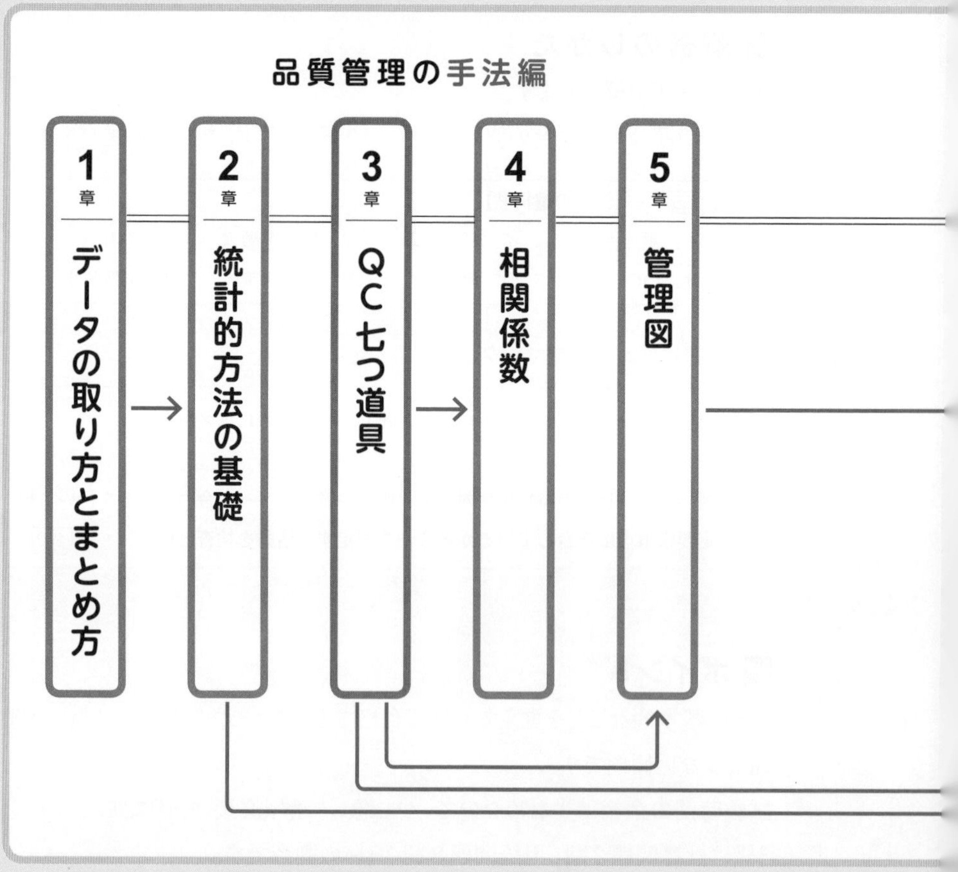

品質管理では、思い込みや主観ではなく、事実やデータに基づいて、製品やサービスを生み出す過程（プロセス）の管理をすることが大切です。事実を正しく把握すること、データを上手く活用することが、品質を向上させるための重要なポイントです。

本書の1章から7章では、データの読み方や活用方法（品質管理の手法）を学びます。8章から10章では、品質管理のための実践的な考え方（品質管理の実践）を学びます。

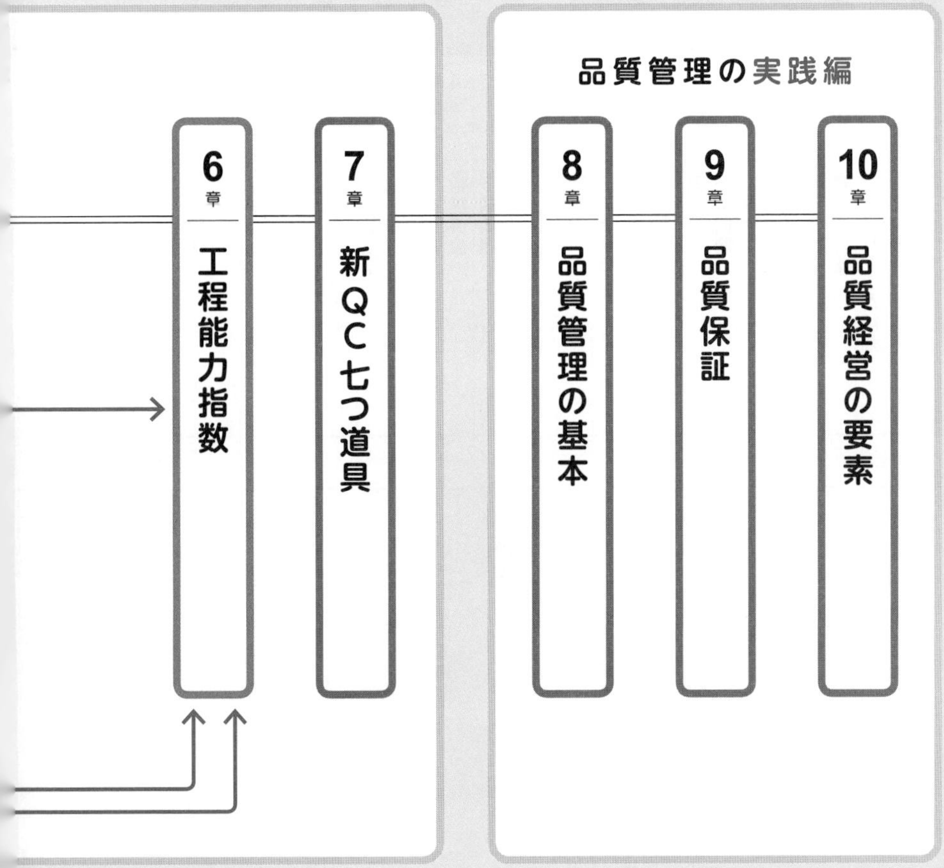

QC検定3級 2週間でバッチリ！ 学習計画

2週間プラン	3週間プラン	章	内容	チェック	
1日目	1日目・2日目	1章 データの取り方とまとめ方	データの種類		計算の基本に一気に手をつけよう！
			サンプリングと誤差		
			基本統計量		
			予想問題		
2日目	3日目	2章 統計的方法の基礎	正規分布		一番難しいので頑張ろう！
			二項分布		
			予想問題		
3日目	4日目	3章 QC七つ道具	層別		よく出題される
			パレート図		
4日目	5日目		特性要因図		ボリュームは少ないけど大事
5日目	6日目		ヒストグラム		難しくよく出題される
6日目	7日目		散布図		散布図はしっかり、チェックシートとグラフはさらっと仕上げよう！
	8日目		チェックシート		
			グラフ		
			予想問題		
7日目	9日目	4章 相関係数	相関係数		散布図と被る範囲
			予想問題		
8日目	10日目	5章 管理図	管理図の使い方、考え方		3級のなかでも難しいので頑張ろう！
			$\bar{X}$-R管理図		
9日目	11日目		p管理図、np管理図		さらっと読んで予想問題で復習しよう
			予想問題		
10日目	12日目	6章 工程能力指数	工程能力指数		覚えることが多く、よく出題される
			予想問題		
			親和図法		
			連関図法		

まずは1周、最後まで読んでみましょう。どうしてもわからないところは一旦飛ばしましょう。全体像がわかったあとの方が効率良く理解できます。

2週間でバッチリ！

3週間でミッチリ！

2週間でバッチリ！	3週間でミッチリ！	章	内容
11日目	13日目	7章 新QC七つ道具	系統図法／マトリックス図法／アローダイアグラム法／PDPC法／マトリックスデータ解析法／予想問題
12日目	14日目・15日目	8章 品質管理の基本	品質の種類／品質優先の考え方／工程の管理／維持と改善／QCストーリー／予想問題
		9章 品質保証	品質保証の基本／未然防止の手法／品質保証のプロセス／プロセス保証／検査／予想問題
		10章 品質経営の要素	方針管理／日常管理／標準化／小集団活動・人材育成／品質マネジメントシステム／予想問題
13日目	16日目・21日目	模擬試験	
14日目	17日目～20日目	復習	

7章：よく出題されるが、細かい内容は問われない範囲

8章～10章：この範囲は一気に仕上げよう！

模擬試験：時間をはかって挑戦しよう　復習後にもう一度解こう

復習：模試で解けなかったところを中心に

QC検定3級

意外と知らない？ 電卓活用方法

キーの使い方

電卓はメーカーによってキーの配置や機能が異なります。ここでは代表的なカシオ型とシャープ型について試験で必要な内容を説明します。

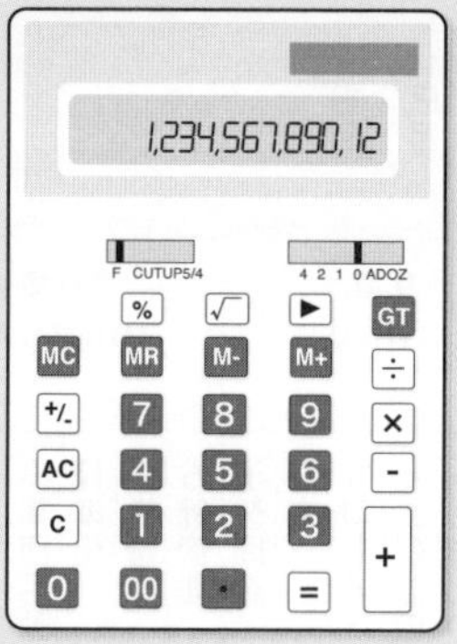

カシオ型

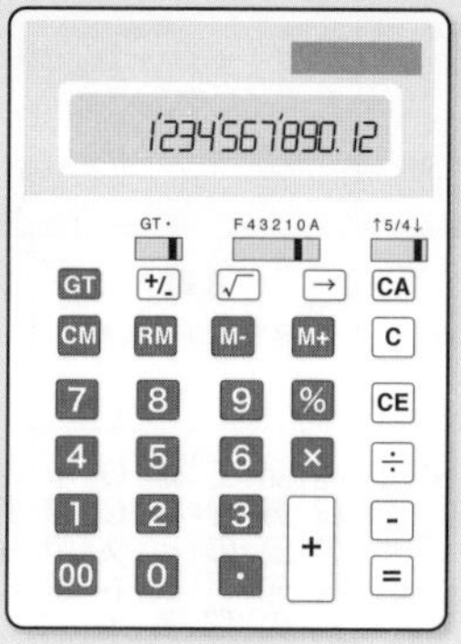

シャープ型

キー		説明
AC CA	オールクリアキー	カシオ型 独立メモリーを除いてすべてクリアします。電源が入ります。
		シャープ型 独立メモリーも含め、すべてクリアします。
C	クリアキー	表示している数値や答えをクリアします。GTメモリーや独立メモリーはそのままです。
CE	クリアエントリーキー	シャープ型のみ 入力した数値をクリアして訂正します。
▶ →	桁下げキー	一番右側の数字（最小桁の数字）を消します。
GT	グランドトータルキー	グランドトータルメモリーに記憶している数値の総計を表示します。2回押すとクリアします。
=	イコールキー	計算結果を表示します。
M+	メモリープラスキー	入力数値や計算結果をメモリーに数値を加算します。
M-	メモリーマイナスキー	入力数値や計算結果をメモリーに数値を減算します。
MR RM	メモリーリコールキー	メモリーに記憶されている数値を表示します。
MC CM	メモリークリアキー	メモリーに記憶されている数値をクリアします。

二乗の計算方法・グランドトータルの使い方

試験では、二乗の計算や、二乗の合計の計算がよく出てきます。これらを簡単に計算する方法を紹介します。

●二乗の計算

例　3^2 を計算する方法

3^2 は　[3] [×] [3] [=]
でも計算できますが、
簡単な計算方法は

[3] [×] [=]
です。

●二乗の合計の計算

例　$1^2 + 2^2 + 3^2$ を計算する方法

グランドトータル GT は、これまでの計算結果 [=] の合計を表示する機能です。

[1] [×] [=]
[2] [×] [=]
[3] [×] [=]
GT
これで、$1^2 + 2^2 + 3^2$ の計算結果が表示されます。

メモリーキーの使い方

メモリーキーを使うことで、式の途中で計算結果をメモする必要がなくなります。

例　$5^2 - 4^2$ を計算する方法

メモリー機能を使う前に、メモリーに記憶されている数値をクリアしておきます。
MC もしくは CM
そして、5^2 の計算結果をメモリーに加えます。
[5] [×] [=]
M+
次に、4^2 の計算結果をメモリーから引きます。
[4] [×] [=]
M-
メモリーに記憶されている数値を表示します。
MR もしくは RM
これで、$5^2 - 4^2$ の計算結果が表示されます。

CONTENTS

CHAPTER 1

CHAPTER

1 データの取り方とまとめ方

1章の構成

よく出題される範囲です。
また、2章以降で学ぶ内容の基礎になります。

★★★ 内容を深く理解しているレベル
★★ 定義と基本的な考え方を理解しているレベル
★ 言葉を知っているレベル

1 データの種類

★★★

P3

出題分析 毎回平均 **0.2**/100点

第20回:0点	第21回:0点	第22回:0点	第23回:0点
第24回:0点	第25回:0点	第26回:0点	第27回:2点
第28回:0点	第30回:0点	第31回:0点	第32回:0点

そのまま出題されることは少ないですが、他の範囲を学ぶための前提知識として必要です。

2 サンプリングと誤差

★★★

P4

出題分析 毎回平均 **1.5**/100点

第20回:5点	第21回:6点	第22回:0点	第23回:0点
第24回:0点	第25回:4点	第26回:0点	第27回:3点
第28回:0点	第30回:0点	第31回:0点	第32回:0点

「母集団」「サンプル」「誤差」などの用語を学びます。次章以降もよく出る用語なので、意味を理解しておきましょう。

3 基本統計量

★★★

P7

出題分析 毎回平均 **4.7**/100点

第20回:7点	第21回:7点	第22回:0点	第23回:8点
第24回:6点	第25回:4点	第26回:6点	第27回:0点
第28回:6点	第30回:5点	第31回:2点	第32回:5点

ほぼ毎回、計算問題として出題されます。得点源にするために、全ての公式を必ず覚えましょう。

1 データの種類

毎回平均 0.2/100点

データの種類と変換

製品やサービスの品質を管理するためには、データを上手に活用することが重要です。品質管理で扱うデータには、数値データと言語データがあります。

数値データは数値で表現するデータのことで、計量値と計数値に分けることができます。計量値とは、長さや重さなどのような計測機器を用いて計測した値のことで、アナログ時計のように値が連続して変化するイメージです。計数値とは、不適合品数や人数などのような、1つ、2つと数え上げる値のことで、デジタル時計のようにとびとびの値に変化するイメージです。

言語データは言葉で表現するデータのことです。

覚える!

《 データの種類 》

- データ
  - 数値データ
    - 計量値 …長さや重さなどの連続量
    - 計数値 …不適合品数などの数えるもの
  - 言語データ …言葉で表現するデータ

参考

60秒を1分に変換するなど、データの変換をすることで、いろいろな用途に活用できるようになります。

2 サンプリングと誤差

毎回平均 1.5/100点

サンプルから母集団全体の姿を捉える

母集団とは、調べる対象の集団全体のことです。サンプルとは、母集団から抜き出したデータのことです。母集団からサンプルを抜き出すことをサンプリングといいます。

母集団全体の品質を良くするためには、サンプルを測定し、得られたデータから母集団全体の姿を捉えることが重要です。サンプルから得られたデータを活用する際は、ヒストグラム※1などの手法を用います。

※1 ヒストグラムについては3章で学習します。

サンプルとして抜き出したデータの数のことをサンプルの大きさといいます。

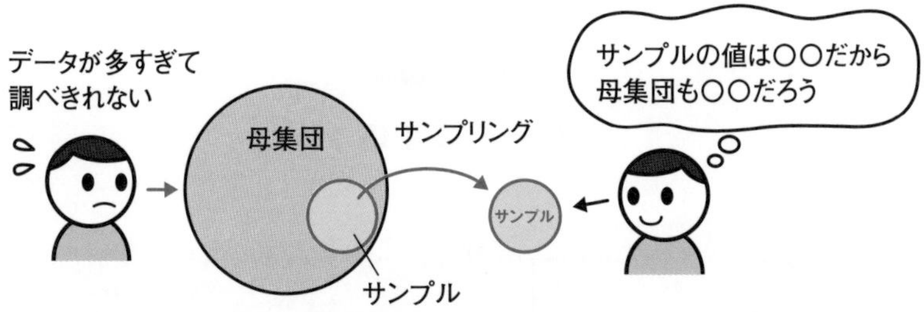

サンプリングの方法と誤差の考え方

サンプリングの方法を大きく分けると、ランダムサンプリングと有意サンプリングに分けることができます。

ランダムサンプリングとは、母集団を構成する全ての要素が同じような確率でサンプルとして選ばれるように抜き出す方法です。ランダムサンプリングに対して有意サンプリングとは、母集団の要素が同じような確率でサンプルとして選ばれるとは限らないようなサンプリング方法です。

母集団の姿を正しく捉えるためには、一般的にランダムサンプリングを行います。

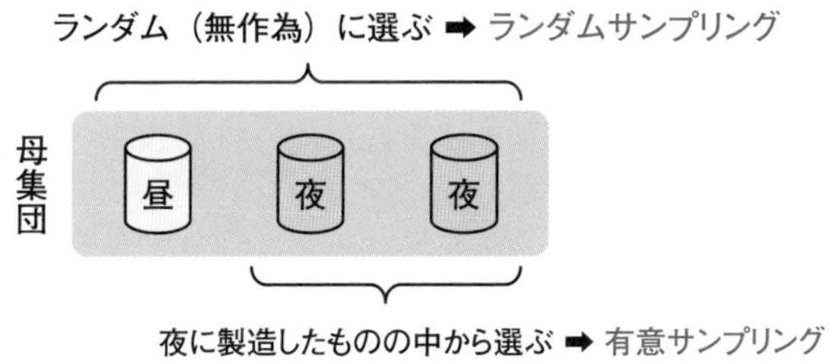

母集団から抽出したサンプルを測定することでデータを得ますが、得られたデータは、測定した機器の調子が悪かったなどの理由で本当の値とは違う値になっている可能性があります。この「本当の値」のことを真の値といい、真の値と実際に得られた値の差のことを誤差といいます。

誤差には、「かたより」と「ばらつき」があります。簡単に説明すると、かたよりとは平均値と真の値の差、ばらつきとは値の大きさがそろっていない度合いのことです。

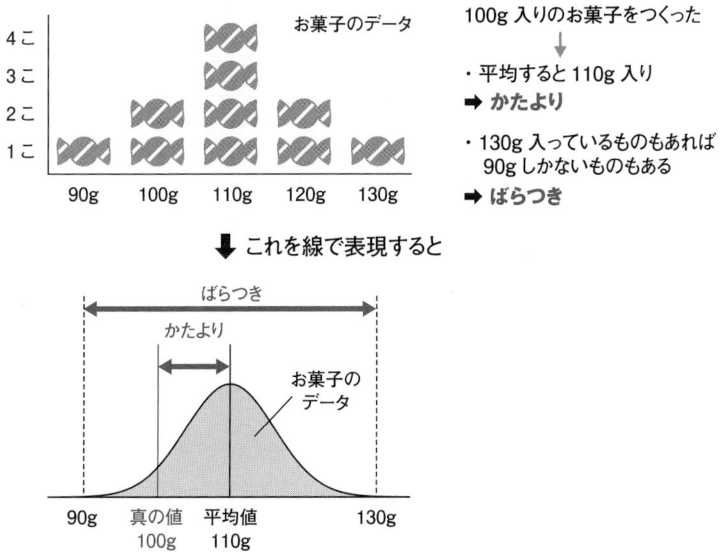

サンプルに含まれる誤差

サンプルを測定したデータには、サンプリング誤差と測定誤差の両方が含まれます。

サンプリング誤差とは、サンプルから母集団の姿を推定するときに生じる誤差のことです。たとえば、母集団全体の特徴とは違う特徴のサンプルを抽出してしまったときに生じます。

測定誤差とは、測定値と真の値の間に生じる誤差のことです。同じものを何回か測定した結果が同じ値にならない場合は、測定誤差があると考えられます。

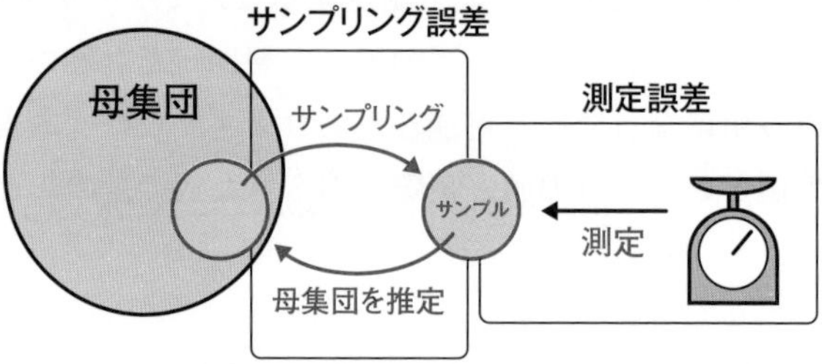

参考

サンプリング誤差と測定誤差はどちらも「かたより」と「ばらつき」があります。また、サンプリング誤差と測定誤差の大きさは場合によって異なり、特に大小関係はありません。

3 基本統計量

毎回平均 4.7/100点

基本統計量の求め方はよく出題される

ここから基本統計量という範囲に入ります。3級で出題される基本統計量は平均値、メディアン（中央値）、範囲、偏差平方和、不偏分散、標準偏差などです。与えられたデータから基本統計量を計算する問題がよく出題されるため、一つずつ求め方を覚えましょう。

ここからは例を用いて説明します。

例で使用するデータ

2	3	5	7	11	13

1. 平均値 $\bar{x}$

平均値とは、データ x の合計をデータの数 n で割った値です。

覚える！

《 平均値の計算方法 》

$$\bar{x} = \frac{x\text{の合計}}{n}$$

例のデータの数は6個なので、平均値 $\bar{x}$ は次のように計算します。

$$\bar{x} = \frac{2+3+5+7+11+13}{6} \fallingdotseq 6.8$$

参考

平均値の計算式は次のような数式で表されることもあります。

$$\bar{x} = \frac{1}{n}\sum_{i=1}^{n} x_i$$

数式の読み方について説明します。

データの数が n 個であるとき、1個目のデータを x_1、2個目のデータを x_2、n 個目のデータを x_n とします。Σは合計を意味する記号で、シグマと読みます。$\sum_{i=1}^{n} x_i$ は「$i=1$ から $i=n$ までを合計する」という意味で、i は x に付いているので、「x_1 から x_n までを合計する」という意味になります。そして、$\sum_{i=1}^{n} x_i$ には $\frac{1}{n}$ が掛けられているので、「x_1 から x_n までを合計したものを $\frac{1}{n}$ する（n で割る）」という意味の式になります。

2. メディアン（中央値）$\tilde{x}$

メディアン（中央値）とは、データを大きさ順に並べ替えたときに、中央に位置する値のことです。もし中央に位置する値がないときは、中央に近い2つの値を足して2で割った値を中央値にします。

覚える！

《 メディアン（中央値）の計算方法 》

・データを大きさ順に並べ替えたときに、中央に位置する値
・中央に位置する値がないときは、中央に近い2つの値を足して2で割った値

データの数が奇数の場合

①⑤②③④

↓ 並べ替え

①②③④⑤

（③が）メディアン

データの数が偶数の場合

①⑤②③④⑥

↓ 並べ替え

①②③④⑤⑥

$\frac{3+4}{2} = 3.5$

（3.5が）メディアン

例のデータは大きさ順に並んでいますが、ちょうど中央に位置する値がないため、中央に近い5と7を足して2で割り、中央値 $\tilde{x}$ は6になります。

3. 範囲 R

範囲とは、データの最大値と最小値の差のことです。

覚える！

《 範囲の計算方法 》

$$R = 最大値 - 最小値$$

例のデータの最大値は 13、最小値は 2 なので、範囲 R は 11 になります。

4. 偏差平方和 S

偏差平方和とは、各データの値と平均値の差（偏差）を 2 乗して足し合わせていったものです。偏差平方和はデータのばらつきを表す指標です。

試験で偏差平方和を計算するときは、次の式を使うと素早く計算することができます。

覚える！

《 偏差平方和の計算方法 》

$$S = x^2 の合計 - \frac{(x の合計)^2}{n}$$

この式を使うときは、いきなり電卓で計算するのではなく、次のような表（計算補助表）を自分で作ると計算しやすくなります。

							合計
x	2	3	5	7	11	13	41
x^2	4	9	25	49	121	169	377

この表の値を式に代入すると、偏差平方和 S は次のように計算でき

ます。

$$S = 377 - \frac{41^2}{6} = 377 - \frac{1681}{6} \fallingdotseq 96.8$$

参考

偏差平方和の計算式は次のような数式で表されることもあります。

$$S = \sum_{i=1}^{n} x_i^2 - \frac{\left(\sum_{i=1}^{n} x_i\right)^2}{n}$$

$\sum_{i=1}^{n} x_i^2$は「x_1^2からx_n^2までを合計する」という意味です。$\left(\sum_{i=1}^{n} x_i\right)^2$は「$x_1$から$x_n$までを合計したものを２乗する」という意味です。

5. 不偏分散 V

分散はデータのばらつきを表す指標で、試験では不偏分散を計算する問題が出題されます。不偏分散とは、偏差平方和を「(データ数 n) −1」で割った値です。

覚える！

《 不偏分散の計算方法 》

$$V = \frac{S}{n-1}$$

例のデータの不偏分散 V は、4. で求めた偏差平方和 S=96.8 より次のように求めます。

$$V = \frac{96.8}{6-1} \fallingdotseq 19.4$$

参考

偏差平方和はデータの数が増えるほど大きくなります。不偏分散は、偏差平方和を「(データ数 n) − 1」で割ることで、偏差平方和からデータの数の影響をなくしたものです。データの数が異なるデータのばらつきを比較したいときは偏差平方和ではなく不偏分散を用います。

参考

分散には母分散と標本分散、不偏分散があります。母分散は、母集団の分散（ばらつき）を表します。標本分散は、サンプルのデータの分散（ばらつき）を表します。不偏分散は、サンプルのデータから母集団の分散（ばらつき）を推定したものです。

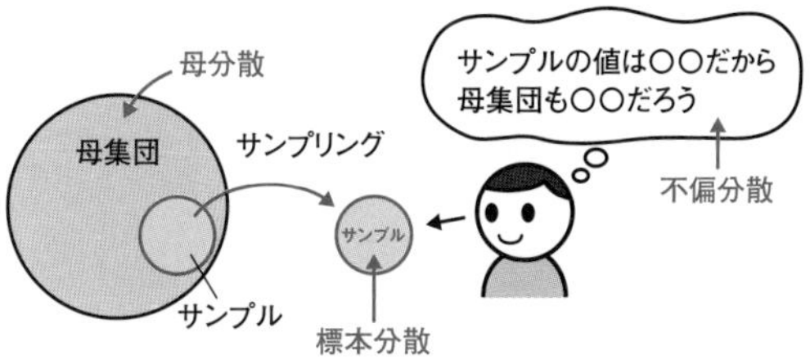

6. 標準偏差 s

標準偏差とは、不偏分散の平方根をとった値です。標準偏差は分散と同じくデータのばらつきを表す指標です。

覚える！

《 標準偏差の計算方法 》

$$s=\sqrt{V}=\sqrt{\frac{S}{n-1}}$$

例のデータの標準偏差 s は、5. で求めた不偏分散 $V=19.4$ より次のように求めます。

$$s=\sqrt{19.4}\fallingdotseq 4.4$$

参考

分散の単位はデータの単位の二乗になっています。たとえば、データの単位が［m］だとすると、分散の単位は［m^2］で計算されます。標準偏差は分散の平方根（$\sqrt{\ }$）をとることで、単位を［m］に戻しています。

例題 1-1-1

次のデータから、基本統計量を計算せよ。

データ：102、105、107、103、100

平均値：(1)　　偏差平方和：(2)　　不偏分散：(3)

標準偏差：(4)　　中央値：(5)　　範囲：(6)

【選択肢】2.7　7　7.3　29.2　103　103.4　107

【解答】 (1) 103.4　(2) 29.2　(3) 7.3　(4) 2.7　(5) 103　(6) 7

試験ではこの例題のような、基本統計量の値を計算する問題が出題されます。

(1) 平均値

$$\bar{x} = \frac{x\text{の合計}}{n} = \frac{102 + 105 + 107 + 103 + 100}{5} = 103.4$$

(2) 偏差平方和

$$S = x^2\text{の合計} - \frac{(x\text{の合計})^2}{n}$$

x^2 の合計をいきなり電卓で求めるのは難しいため、あらかじめ計算補助表を作っておきます。

						合計
x	102	105	107	103	100	517
x^2	10404	11025	11449	10609	10000	53487

式に代入すると、

$$S = 53487 - \frac{517^2}{5} = 29.2$$

(3) 不偏分散

$$V = \frac{S}{n-1} = \frac{29.2}{5-1} = 7.3$$

(4) 標準偏差

$$s = \sqrt{V} = \sqrt{7.3} \fallingdotseq 2.7$$

試験で平方根を求めるときは、電卓にデータの値を入力し、「√」を押すと平方根の値が表示されます。

(5) 中央値

データを小さい順に並べ替えると、100,102,103,105,107となります。中央に位置する値は103なので、中央値は103です。

(6) 範囲

$$R = 最大値 - 最小値 = 107 - 100 = 7$$

参考

試験で問われる可能性は低いですが、最頻値（モード）についても確認しておきましょう。最頻値（モード）とは、最もよく現れるデータの値のことです。

例：データが（1,2,2,2,3,3）の場合、最も多い「2」が最頻値

CHAPTER

1 重要ポイントのまとめ

POINT

1 データの種類

❶データには数値データと言語データがある。

❷数値データには、長さや重さなどのような連続した値の計量値と、不適合品数や人数などのような１つ、２つ、と数え上げる値の計数値がある。

2 サンプリングと誤差

❶母集団とは、調べる対象の集団全体のこと。サンプルとは、母集団から抜き出したデータのこと。母集団からサンプルを抜き出すことをサンプリングという。

❷ランダムサンプリングとは、母集団を構成する全ての要素が同じような確率でサンプルとして選ばれるように抜き出す方法。

❸誤差には「かたより」と「ばらつき」がある。かたよりは平均値と真の値の差、ばらつきは値の大きさがそろっていない度合いのこと。

❹サンプリング誤差とは、サンプルから母集団の姿を推定するときに生じる誤差のこと。測定誤差とは、測定値と真の値の間に生じる誤差のこと。

3 基本統計量

❶平均値

$$\bar{x} = \frac{x\text{の合計}}{n}$$

❷メディアン（中央値）

データを大きさ順に並び替えたときに、中央に位置する値。中央に位置する値がないときは、中央に近い２つの値を足して２で割った値。

❸範囲

$$R = \text{最大値} - \text{最小値}$$

❹偏差平方和

$$S = x^2\text{の合計} - \frac{(x\text{の合計})^2}{n}$$

❺不偏分散

$$V = \frac{S}{n-1}$$

❻標準偏差

$$s = \sqrt{V} = \sqrt{\frac{S}{n-1}}$$

予想問題　問題

問題 1　データの種類

[　　]内に入る最も適切なものを選択肢から選べ。

品質管理で扱うデータには、[(1)]データと[(2)]データがある。[(1)]データは連続量をとる[(3)]と、個数を数えて得られる[(4)]に分けられる。

【[(1)]～[(4)]の選択肢】

ア．数値　イ．測定値　ウ．言語　エ．計量値　オ．計数値

(1)	(2)	(3)	(4)

問題 2　サンプリングと誤差

次の文章のうち、正しいものには○、正しくないものには×を選べ。

①母集団を構成する全ての要素が同じ確率でサンプルとして選ばれるようなサンプリング方法をランダムサンプリングという。　[(1)]

②母集団から抽出したサンプルを測定したデータには、サンプリング誤差と測定誤差の両方が含まれる。　[(2)]

③誤差には「かたより」と「ばらつき」がある。サンプリング誤差には「かたより」があるが、「ばらつき」はない。　[(3)]

④サンプリング誤差と測定誤差を比較すると、サンプリング誤差の方が必ず大きい。　[(4)]

⑤真の値が 100 とわかっているサンプルを 3 回測定したところ、1 回目は 102、2 回目は 101、3 回目は 98 であった。3 回の測定値のばらつきはサンプリングによって発生した誤差である。　[(5)]

(1)	(2)	(3)	(4)	(5)

問題 3　基本統計量

$\boxed{}$内に入る最も適切なものを選択肢から選べ。

表 1 のデータを用いて基本統計量を計算する。

表 1 測定データ

測定順	1	2	3	4	5	合計
測定値 x	10	7	12	15	11	55
x^2	100	49	144	225	121	639

データ数 $n = 5$ のとき、測定値 x の平均値 $\bar{x}$、偏差平方和 S、不偏分散 V、標準偏差 s は次のように計算する。

平均値　$\bar{x} = \dfrac{\boxed{(1)}}{n} = \boxed{(2)}$

偏差平方和　$S = \boxed{(3)} - \dfrac{\boxed{(4)}}{n} = \boxed{(5)}$

不偏分散　$V = \dfrac{\boxed{(5)}}{5-1} = \boxed{(6)}$

標準偏差　$s = \sqrt{\boxed{(6)}} \fallingdotseq \boxed{(7)}$

【$\boxed{(1)}$ ～ $\boxed{(7)}$ の選択肢】

ア．2.9　イ．8.5　ウ．11　エ．34　オ．55　カ．55^2　キ．639　ク．639^2

(1)	(2)	(3)	(4)	(5)	(6)	(7)

予想問題 解答解説

問題１　データの種類

【解答】　(1) ア　(2) ウ　(3) エ　(4) オ

POINT

データの種類は、次章以降でも何度も出てきます。特に、計量値と計数値の違いは覚えておきましょう。

問題２　サンプリングと誤差

【解答】　(1) ○　(2) ○　(3) ×　(4) ×　(5) ×

POINT

母集団から抽出したサンプルを測定し、得られたデータから母集団全体の姿を捉えます。サンプルを測定したデータにはサンプリング誤差と測定誤差の両方が含まれ、どちらの誤差にも「かたより」と「ばらつき」があります。また、サンプリング誤差と測定誤差は別々に発生するものなので、どちらかが必ず大きくなるというものではありません。

⑤では測定値がばらついていますが、同一のサンプルを測定した値がばらついているため、測定によって発生した誤差だと考えられます。測定誤差は、同じ条件で測定できていない場合や、測定器自体に問題がある場合などに発生します。

問題 3　基本統計量

【解答】　(1) オ　(2) ウ　(3) キ　(4) カ　(5) エ　(6) イ　(7) ア

【解き方】

この問題では x と x^2 の値をまとめた表が問題文で与えられているため、それを使って計算します。もしも与えられていない場合は、自分で作りましょう。

表 1 測定データ

測定順	1	2	3	4	5	合計
測定値 x	10	7	12	15	11	55
x^2	100	49	144	225	121	639

平均値

$$\bar{x} = \frac{x\text{の合計}}{n} = \frac{55}{5} = 11$$

偏差平方和

$$S = x^2\text{の合計} - \frac{(x\text{の合計})^2}{n} = 639 - \frac{55^2}{5} = 34$$

不偏分散

$$V = \frac{S}{n-1} = \frac{34}{5-1} = 8.5$$

標準偏差

$$s = \sqrt{V} = \sqrt{8.5} \fallingdotseq 2.9$$

試験で平方根を求めるときは、電卓にデータの値を入力し、「$\sqrt{\ }$」を押すと平方根の値が表示されます。

POINT

基本統計量の計算はほぼ毎回出題されます。この問題で出題した平均値、偏差平方和、不偏分散、標準偏差に加えて、メディアン（中央値）と範囲の求め方も必ず覚えておきましょう。

[illegible]	1	2	3	4	5	合計
[illegible]	10	7	12	15	11	55
[illegible]	100	49	144	225	121	639

CHAPTER 2

CHAPTER

2 統計的方法の基礎

3級で最も難易度が高い範囲です。
最後まで読んで全体像を掴んでから、
もう一度読み返して理解を深めましょう。

2章の構成

★★★ 内容を深く理解しているレベル
★★ 定義と基本的な考え方を理解しているレベル
★ 言葉を知っているレベル

1 正規分布

★★

P23

出題分析 毎回平均 3.4/100点

第20回:**0点**	第21回:**0点**	第22回:**6点**	第23回:**5点**
第24回:**7点**	第25回:**2点**	第26回:**0点**	第27回:**6点**
第28回:**0点**	第30回:**4点**	第31回:**7点**	第32回:**4点**

正規分布の特徴を答える問題や、確率を計算する問題がよく出題されます。確率の計算は手順に沿って計算すれば解ける問題がほとんどです。例題や予想問題を通してイメージを掴みましょう。

2 二項分布

★★

P34

出題分析 毎回平均 0.9/100点

第20回:**0点**	第21回:**0点**	第22回:**0点**	第23回:**0点**
第24回:**0点**	第25回:**6点**	第26回:**0点**	第27回:**0点**
第28回:**0点**	第30回:**5点**	第31回:**0点**	第32回:**0点**

3級で出題されることは少ないので、あまり悩まずに読み進めましょう。二項分布が計数値の分布であることと、本文の図の意味を理解できれば十分です。

1 正規分布

毎回平均 3.4/100点

3級で出題される分布は正規分布と二項分布

不適合品が発生する確率などをあらかじめ知ることができると、管理がしやすくなります。ここからは確率と分布について学習しましょう。

確率とは、物事が起こる可能性の度合いのことです。数値データで考えると、**確率とは、あるもの（重さなど）がある値をとる割合**です。

同じお菓子を作っても全て100gになるとは限らないように、データにはばらつきがあります。ばらつき方にはルールがあり、どのような値がどれくらいの確率で現れるかは決まっています。**このばらつき方のルールのことを分布（確率分布）**といいます。

3級で出題される分布は正規分布と二項分布です。**正規分布は計量値**※1**の分布を表し**、**二項分布は計数値**※2**の分布を表します**。ここからは、よく出題される正規分布について説明します。

※1 計量値：長さや重さなどのような、連続した値をとるもの。
※2 計数値：不適合品数や人数などのような、1つ、2つと数え上げるもの。

正規分布の特徴

正規分布は $N(\mu,\sigma^2)$ と表し、「○○のデータは正規分布 $N(\mu,\sigma^2)$ に従う」といった書かれ方をします。**正規分布の形は、左右対称の釣鐘型**（山のような形）ですが、山の高さや底辺の広さは式の値によって変化します。正規分布の形を決める要素をパラメータといい、**正規分布のパラメータは平均 μ《ミュー》 と分散 σ^2《シグマ》** です。正規分布のパラメータである**平均 μ と分散 σ^2 は、母集団**※3**全体の平均と分散のことで、正確にはそれぞれ母平均、母分散といいます。母分散 σ^2 は母標準偏差 σ**

の二乗なので、正規分布のパラメータは「母平均と母標準偏差」と書かれることもあります。1章で学んだ平均値$\bar{x}$、不偏分散V、標準偏差sとは意味が異なるため、記号も違うものを使います。

※3 母集団：調べる対象の集団全体のこと。

覚える！

《 正規分布の形 》

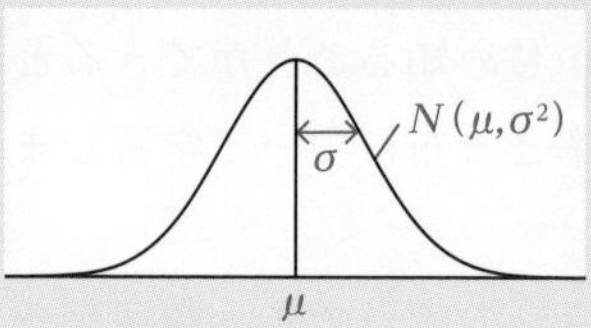

正規分布の形の特徴は

・左右対称の釣鐘型

正規分布の形を決めるパラメータは

・平均μと分散σ^2

正規分布の表し方

$N(\mu,\sigma^2)$

参考 1章で学んだ平均値$\bar{x}$、不偏分散V、標準偏差sは、母集団の一部のデータから計算した値です。

参考 正規分布は左右対称な釣鐘型で、山は必ず1つです。パラメータ（平均μ、分散σ^2）の値によって、山が2つになることや、左右が非対称になることはありません。

値の範囲から確率を求める方法（理解編）

正規分布に従うデータから確率を求める問題が試験ではよく出題されます。いろいろなパターンの問題が出題されますが、ここではシンプルな1パターンだけ説明します。このあとの「実践編」で試験で出題されるパターンを一通り説明するので、ここではイメージを理解することに重点を置いて読んでください。

正規分布の山の面積は、データの発生する確率を表します。簡単に考えると、次の図のようになります。

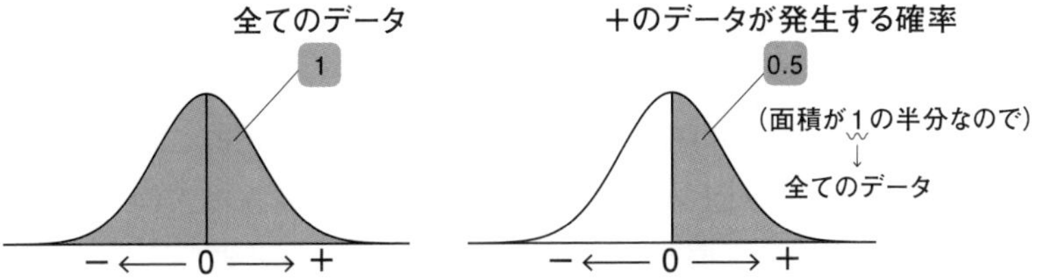

参考	確率を求めるときは、100％を1として考えます。たとえば、20％は0.2、5％は0.05と考えます。

「−2 以下の値が発生する確率」や「−2 以上 +1 以下の値が発生する確率」などを面積で考えると、次の図のようになります。

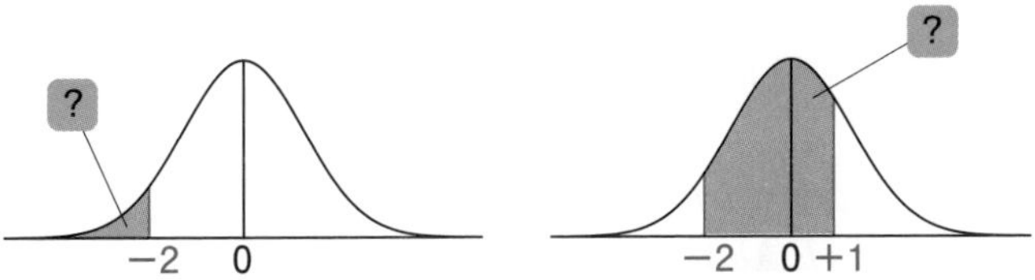

正規分布に従うデータでは、正規分布表という表を使うことで、「○以下の値が発生する確率」などを求めることができます。

平均 μ が0、分散 σ^2 が1の正規分布 $N(0,1^2)$ を標準正規分布といい、正規分布表には標準正規分布 $N(0,1^2)$ の確率がまとめられています。正規分布 $N(\mu, \sigma^2)$ を標準正規分布 $N(0,1^2)$ に変換する「**標準化（規準化）**」という作業を行うことで、正規分布表を使って確率を求めることができるようになります。

覚える！

《 標準化の式 》

$$Z = \frac{x - \mu}{\sigma}$$

式中の x には、「○以下の値が発生する確率」の「○」の値が入ります。ここからは例を用いて確率の計算方法について説明します。

1. 標準化を行う

たとえば、平均 μ が 4.5g、分散 σ^2 が 0.1^2 の正規分布に従うデータにおいて、4.3g を下回る確率を求めるには、正規分布 $N(4.5,\ 0.1^2)$ を標準化します。Z は標準正規分布 $N(0,1^2)$ に従います。

$$Z=\frac{x-\mu}{\sigma}=\frac{4.3-4.5}{0.1}=-2.0$$

2. 正規分布表から確率を求める

求めた Z の値の絶対値を K_P として、正規分布表から確率 P を求めます。正規分布表は p.28 の表のことで、試験では基本的に問題用紙の最後に載っているので覚える必要はありません。

> **参考**
>
> **絶対値とは、値の正負（プラス・マイナス）を無視した値のことで、全てマイナスをとった値と考えます。Z の絶対値は記号で $|Z|$ と書きます。たとえば、$Z=-3$ のとき $|Z|=3$、$Z=3$ のときも $|Z|=3$ です。**

例のデータでは、正規分布表より、$|Z|=K_P=2.00$ における確率 P を探すと、0.0228 を読み取ることができます。つまり、4.3g 以下になる確率は 2.28%となります。

(I) K_P から P を求める表

K_P	*=0	1	2	3	4	**5**	6	7	8	9
0.0*	**.5000**	.4960	.4920	.4880	.4840	**.4801**	.4761	.4721	.4681	.4641
0.1*	**.4602**	.4562	.4522	.4483	.4443	**.4404**	.4364	.4325	.4286	.4247
0.2*	**.4207**	.4168	.4129	.4090	.4052	**.4013**	.3974	.3936	.3897	.3859
0.3*	**.3821**	.3783	.3745	.3707	.3669	**.3632**	.3594	.3557	.3520	.3483
0.4*	**.3446**	.3409	.3372	.3336	.3300	**.3264**	.3228	.3192	.3156	.3121
1.8*	**.0359**	.0351	.0344	.0336	.0329	**.0322**	.0314	.0307	.0301	.0294
1.9*	**.0287**	.0281	.0274	.0268	.0262	**.0256**	.0250	.0244	.0239	.0233
2.0*	**.0228**	.0222	.0217	.0212	.0207	**.0202**	.0197	.0192	.0188	.0183
2.1*	**.0179**	.0174	.0170	.0166	.0162	**.0158**	.0154	.0150	.0146	.0143
2.2*	**.0139**	.0136	.0132	.0129	.0125	**.0122**	.0119	.0116	.0113	.0110
2.3*	**.0107**	.0104	.0102	.0099	.0096	**.0094**	.0091	.0089	.0087	.0084

$K_P=2.00$ から P を求めるには
「2.0*」の行と「*=0」の列が
交わるところの数値を選ぶ

参考

正規分布表で「2.00」は「2.0＊（＊＝0）」と表されるため、「2.0＊」の行と「＊＝0」の列が交わるところの数値を選びます。

参考

「xが4.3g以下になる確率は2.28％」を式で表すと、$P(x \leq 4.3) = 0.0228$となります[※4]。

※4「≤」（「≦」）は、「記号の左の数は右の数よりも小さいか、等しい」という大小関係を表す記号です。

【正規分布表】

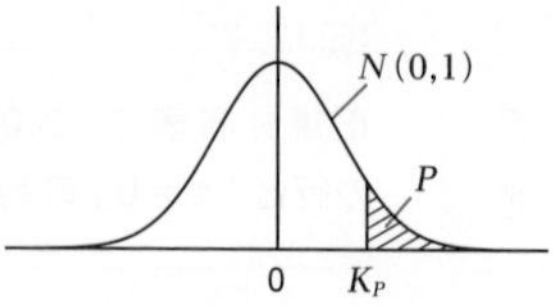

(Ⅰ) K_PからPを求める表

K_P	*=0	1	2	3	4	5	6	7	8	9
0.0*	.5000	.4960	.4920	.4880	.4840	.4801	.4761	.4721	.4681	.4641
0.1*	.4602	.4562	.4522	.4483	.4443	.4404	.4364	.4325	.4286	.4247
0.2*	.4207	.4168	.4129	.4090	.4052	.4013	.3974	.3936	.3897	.3859
0.3*	.3821	.3783	.3745	.3707	.3669	.3632	.3594	.3557	.3520	.3483
0.4*	.3446	.3409	.3372	.3336	.3300	.3264	.3228	.3192	.3156	.3121
0.5*	.3085	.3050	.3015	.2981	.2946	.2912	.2877	.2843	.2810	.2776
0.6*	.2743	.2709	.2676	.2643	.2611	.2578	.2546	.2514	.2483	.2451
0.7*	.2420	.2389	.2358	.2327	.2296	.2266	.2236	.2206	.2177	.2148
0.8*	.2119	.2090	.2061	.2033	.2005	.1977	.1949	.1922	.1894	.1867
0.9*	.1841	.1814	.1788	.1762	.1736	.1711	.1685	.1660	.1635	.1611
1.0*	.1587	.1562	.1539	.1515	.1492	.1469	.1446	.1423	.1401	.1379
1.1*	.1357	.1335	.1314	.1292	.1271	.1251	.1230	.1210	.1190	.1170
1.2*	.1151	.1131	.1112	.1093	.1075	.1056	.1038	.1020	.1003	.0985
1.3*	.0968	.0951	.0934	.0918	.0901	.0885	.0869	.0853	.0838	.0823
1.4*	.0808	.0793	.0778	.0764	.0749	.0735	.0721	.0708	.0694	.0681
1.5*	.0668	.0655	.0643	.0630	.0618	.0606	.0594	.0582	.0571	.0559
1.6*	.0548	.0537	.0526	.0516	.0505	.0495	.0485	.0475	.0465	.0455
1.7*	.0446	.0436	.0427	.0418	.0409	.0401	.0392	.0384	.0375	.0367
1.8*	.0359	.0351	.0344	.0336	.0329	.0322	.0314	.0307	.0301	.0294
1.9*	.0287	.0281	.0274	.0268	.0262	.0256	.0250	.0244	.0239	.0233
2.0*	.0228	.0222	.0217	.0212	.0207	.0202	.0197	.0192	.0188	.0183
2.1*	.0179	.0174	.0170	.0166	.0162	.0158	.0154	.0150	.0146	.0143
2.2*	.0139	.0136	.0132	.0129	.0125	.0122	.0119	.0116	.0113	.0110
2.3*	.0107	.0104	.0102	.0099	.0096	.0094	.0091	.0089	.0087	.0084
2.4*	.0082	.0080	.0078	.0075	.0073	.0071	.0069	.0068	.0066	.0064
2.5*	.0062	.0060	.0059	.0057	.0055	.0054	.0052	.0051	.0049	.0048
2.6*	.0047	.0045	.0044	.0043	.0041	.0040	.0039	.0038	.0037	.0036
2.7*	.0035	.0034	.0033	.0032	.0031	.0030	.0029	.0028	.0027	.0026
2.8*	.0026	.0025	.0024	.0023	.0023	.0022	.0021	.0021	.0020	.0019
2.9*	.0019	.0018	.0018	.0017	.0016	.0016	.0015	.0015	.0014	.0014
3.0*	.0013	.0013	.0013	.0012	.0012	.0011	.0011	.0011	.0010	.0010
3.5	.2326E-3									
4.0	.3167E-4									
4.5	.3398E-5									
5.0	.2867E-6									
5.5	.1899E-7									

(Ⅱ) PからK_Pを求める表

P	.001	.005	0.01	.025	.05	.1	.2	.3	.4
K_P	3.090	2.576	2.326	1.960	1.645	1.282	.842	.524	.253

(Ⅲ) PからK_Pを求める表

P	*=0	1	2	3	4	5	6	7	8	9
0.00*	∞	3.090	2.878	2.748	2.652	2.576	2.512	2.457	2.409	2.366
0.0*	∞	2.326	2.054	1.881	1.751	1.645	1.555	1.476	1.405	1.341
0.1*	1.282	1.227	1.175	1.126	1.080	1.036	.994	.954	.915	.878
0.2*	.842	.806	.772	.739	.706	.674	.643	.613	.583	.533
0.3*	.524	.496	.468	.440	.412	.385	.358	.332	.305	.279
0.4*	.253	.228	.202	.176	.151	.126	.100	.075	.050	.025

正規分布に従うデータにおける確率（実践編）

正規分布に従うデータがとる確率について、試験ではいろいろなパターンで問われます。ここからは問われる可能性のあるパターンをいくつか紹介します。

1. 確率の求め方のパターン

先ほどの例では、「○以下の値が発生する確率」を求めました。同じように「△以上の値が発生する確率」も求めることができます。これがパターン①です。

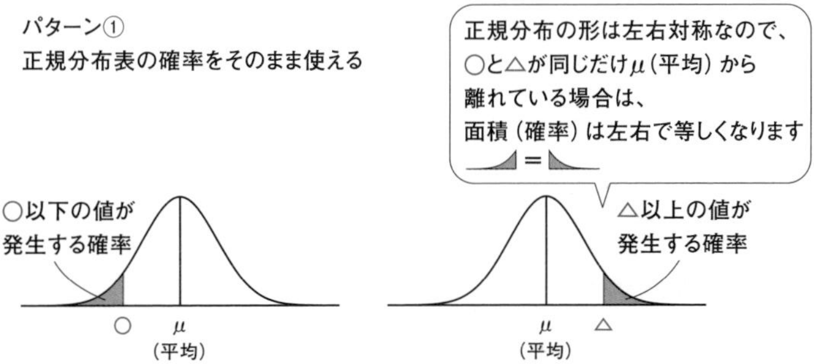

パターン①の場合は、正規分布表に載っている確率をそのまま使えます。他のパターンでは、正規分布表に載っている確率を用いて別の計算をする必要があります。

パターン②は、「○以上の値が発生する確率」で、図で考えると値の発生する確率がパターン①よりも大きいことがわかります。パターン②では、「1 − ○側の端の面積（確率）」で確率を求めることができます。

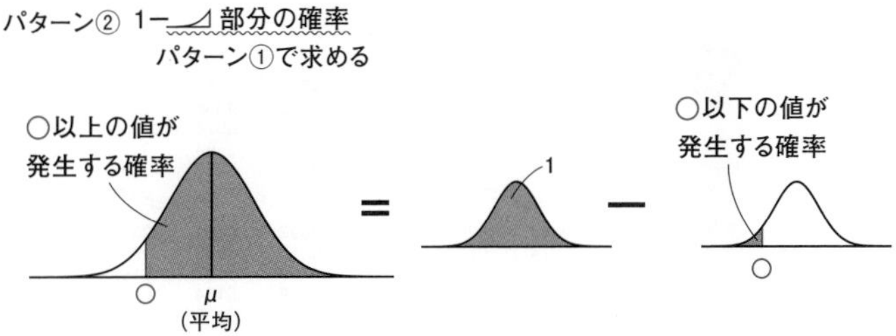

パターン③は「○以上□以下の値が発生する確率」で、「1 − ○側の端の面積(確率) − □側の端の面積(確率)」で確率を求めることができます。

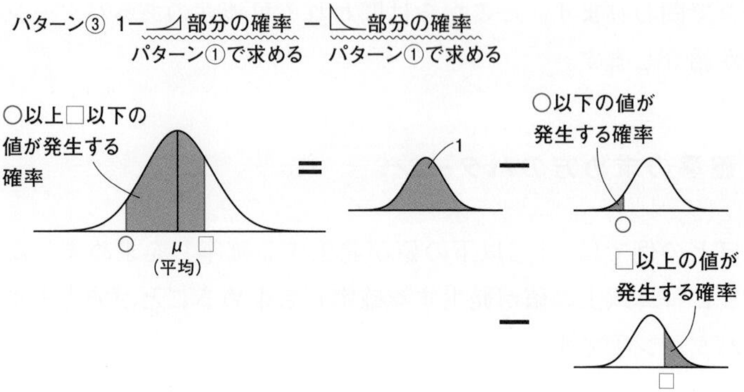

正規分布の確率を求めるときは、図を描けば間違えることがありません。山を描いて、平均μを記入し、どの範囲の面積を求めるのかを確認してから計算しましょう。

2. 正規分布表の使い方のパターン

正規分布表には、(1) K_PからPを求める表と、(2) PからK_Pを求める表があります。(1)は値の範囲から確率Pを求めるときに使い、(2)は確率Pとなる値の範囲を求めるときに使います。

(1) K_PからPを求める表（値の範囲から確率Pを求めるとき）

①標準化する　$Z=\dfrac{x-\mu}{\sigma}$

②$|Z|=K_P$から確率を読み取る

K_P=2.00からPを求めるには「2.0*」の行と「*=0」の列が交わるところの数値を選ぶ

(1) K_Pから P を求める表

K_P	*=0	1	2	3	4	5	6	7	8	9
0.0*	**.5000**	.4960	.4920	.4880	.4840	**.4801**	.4761	.4721	.4681	.4641
0.1*	**.4602**	.4562	.4522	.4483	.4443	**.4404**	.4364	.4325	.4286	.4247
0.2*	**.4207**	.4168	.4129	.4090	.4052	**.4013**	.3974	.3936	.3897	.3859
0.3*	**.3821**	.3783	.3745	.3707	.3669	**.3632**	.3594	.3557	.3520	.3483
0.4*	**.3446**	.3409	.3372	.3336	.3300	**.3264**	.3228	.3192	.3156	.3121
1.8*	**.0359**	.0351	.0344	.0336	.0329	**.0322**	.0314	.0307	.0301	.0294
1.9*	**.0287**	.0281	.0274	.0268	.0262	**.0256**	.0250	.0244	.0239	.0233
2.0*	**.0228**	.0222	.0217	.0212	.0207	**.0202**	.0197	.0192	.0188	.0183
2.1*	**.0179**	.0174	.0170	.0166	.0162	**.0158**	.0154	.0150	.0146	.0143
2.2*	**.0139**	.0136	.0132	.0129	.0125	**.0122**	.0119	.0116	.0113	.0110
2.3*	**.0107**	.0104	.0102	.0099	.0096	**.0094**	.0091	.0089	.0087	.0084

(2) P から K_P を求める表（確率 P となる値の範囲を求めるとき）

①求めたい確率 P から K_P を読み取る　P=0.05（5%）を求めるには「.05」の列の K_P を選ぶ

（Ⅱ）P から K_P を求める表

P	.001	.005	0.01	.025	.05	.1	.2	.3	.4
K_P	3.090	2.576	2.326	1.960	1.645	1.282	.842	.524	.253

（Ⅲ）P から K_P を求める表

P	***=0**	1	2	3	4	**5**	6	7	8	9
0.00*	∞	3.090	2.878	2.748	2.652	**2.576**	2.512	2.457	2.409	2.366
0.0*	∞	2.326	2.054	1.881	1.751	**1.645**	1.555	1.476	1.405	1.341
0.1*	**1.282**	1.227	1.175	1.126	1.080	**1.036**	.994	.954	.915	.878
0.2*	**.842**	.806	.772	.739	.706	**.674**	.643	.613	.583	.533
0.3*	**.524**	.496	.468	.440	.412	**.385**	.358	.332	.305	.279
0.4*	**.253**	.228	.202	.176	.151	**.126**	.100	.075	.050	.025

こちらの表で求めるには「0.0*」の行と「*=5」の列が交わるところの数値を選ぶ

②標準化の式に代入する　$\underset{1.645}{\underline{Z}} = \dfrac{x \pm \mu}{\sigma}$

$K_P=|Z|$ なので（K_P は Z の絶対値）、Z はプラスかマイナスどちらも有り得る

例題　2-1-1

製造している製品の重量 x が正規分布 $N(80, 3^2)$ に従っているとき、x が84以上になる確率は［(1)］%である。また、x が79以上82以下になる確率は［(2)］%である。

【選択肢】0.33　0.66　1.33　9.18　25.46　37.07　37.79

【解答】（1）9.18　（2）37.79

（1）確率を求めるときはまず図を描くようにしましょう。

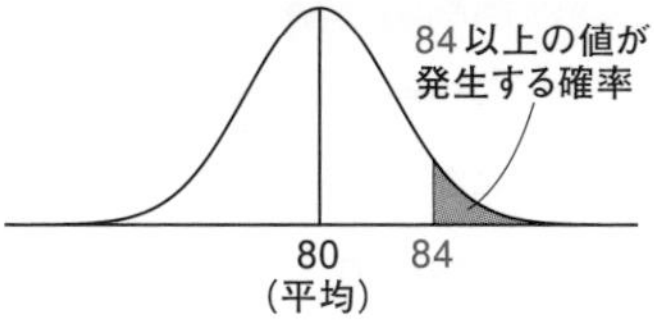

x が84以上になる確率を求めるために、標準化を行います。

$$Z = \frac{x - \mu}{\sigma} = \frac{84-80}{3} \fallingdotseq 1.33$$

$|Z| = K_P = 1.33$ より、正規分布表を用いて K_P から P を読み取ると、0.0918と読み取れるので、x が84以上になる確率は9.18%です。

(1) K_PからPを求める表

K_P	*=0	1	2	3	4	5	6	7	8	9
0.0*	.5000	.4960	.4920	.4880	.4840	.4801	.4761	.4721	.4681	.4641
0.1*	.4602	.4562	.4522	.4483	.4443	.4404	.4364	.4325	.4286	.4247
0.2*	.4207	.4168	.4129	.4090	.4052	.4013	.3974	.3936	.3897	.3859
0.3*	.3821	.3783	.3745	.3707	.3669	.3632	.3594	.3557	.3520	.3483
0.4*	.3446	.3409	.3372	.3336	.3300	.3264	.3228	.3192	.3156	.3121
1.1*	.1357	.1335	.1314	.1292	.1271	.1251	.1230	.1210	.1190	.1170
1.2*	.1151	.1131	.1112	.1093	.1075	.1056	.1038	.1020	.1003	.0985
1.3*	.0968	.0951	.0934	.0918	.0901	.0885	.0869	.0853	.0838	.0823
1.4*	.0808	.0793	.0778	.0764	.0749	.0735	.0721	.0708	.0694	.0681
1.5*	.0668	.0655	.0643	.0630	.0618	.0606	.0594	.0582	.0571	.0559

(2) xが79以上82以下になる確率を求めるためには、xが79「以下」になる確率と82「以上」になる確率をそれぞれ求めて1（100%）から引きます。

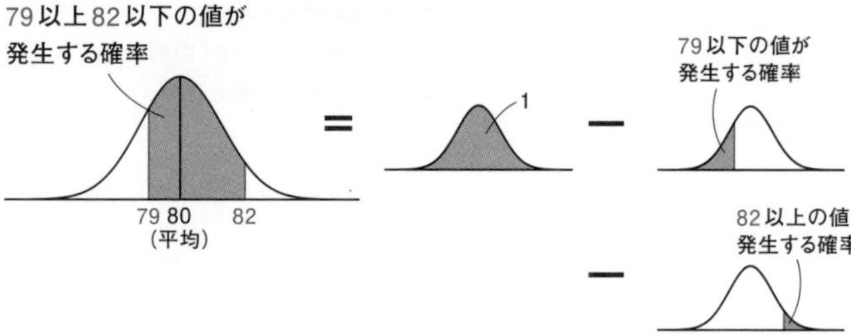

まず、xが79以下になる確率を求めるために、標準化を行います。

$$Z=\frac{x-\mu}{\sigma}=\frac{79-80}{3}\fallingdotseq -0.33$$

$|Z|=K_P=0.33$より、正規分布表を用いてK_PからPを読み取ると、0.3707と読み取ることができます。

(1) K_PからPを求める表

K_P	*=0	1	2	3	4	5	6	7	8	9
0.0*	.5000	.4960	.4920	.4880	.4840	.4801	.4761	.4721	.4681	.4641
0.1*	.4602	.4562	.4522	.4483	.4443	.4404	.4364	.4325	.4286	.4247
0.2*	.4207	.4168	.4129	.4090	.4052	.4013	.3974	.3936	.3897	.3859
0.3*	.3821	.3783	.3745	.3707	.3669	.3632	.3594	.3557	.3520	.3483
0.4*	.3446	.3409	.3372	.3336	.3300	.3264	.3228	.3192	.3156	.3121

次に、xが82以上になる確率を求めるために、標準化を行います。

$$Z=\frac{x-\mu}{\sigma}=\frac{82-80}{3}\fallingdotseq 0.67$$

$|Z|=K_P=0.67$より、正規分布表を用いてK_PからPを読み取ると、0.2514と読み取ることができます。

(1) K_PからPを求める表

K_P	***=0**	1	2	3	4	**5**	6	7	8	9
0.0*	**.5000**	.4960	.4920	.4880	.4840	**.4801**	.4761	.4721	.4681	.4641
0.1*	**.4602**	.4562	.4522	.4483	.4443	**.4404**	.4364	.4325	.4286	.4247
0.2*	**.4207**	.4168	.4129	.4090	.4052	**.4013**	.3974	.3936	.3897	.3859
0.3*	**.3821**	.3783	.3745	.3707	.3669	**.3632**	.3594	.3557	.3520	.3483
0.4*	**.3446**	.3409	.3372	.3336	.3300	**.3264**	.3228	.3192	.3156	.3121
0.5*	**.3085**	.3050	.3015	.2981	.2946	**.2912**	.2877	.2843	.2810	.2776
0.6*	**.2743**	.2709	.2676	.2643	.2611	**.2578**	.2546	.2514	.2483	.2451
0.7*	**.2420**	.2389	.2358	.2327	.2296	**.2266**	.2236	.2206	.2177	.2148
0.8*	**.2119**	.2090	.2061	.2033	.2005	**.1977**	.1949	.1922	.1894	.1867

xが79以下になる確率＝0.3707と82以上になる確率＝0.2514を1（100%）から引くと、xが79以上82以下になる確率＝0.3779（37.79%）が求まります。

$$1 - 0.3707 - 0.2514 = 0.3779$$

2 二項分布

毎回平均 0.9/100点

二項分布は計数値の分布

正規分布が計量値の分布を表すのに対して、二項分布は計数値の分布を表します。二項分布は3級ではほとんど出題されません。

二項分布とは、「成功か失敗か」のように、2パターンの結果しかない試行を何回も行ったときの、成功の回数が従う確率分布です。試行とは、何度も繰り返しサイコロを振るような、結果が偶然で決まる実験と理解してください。

二項分布は$B(n,P)$と表します。たとえば、製造ラインからn個の製品を抜き出し、不適合品がx個含まれる確率をPとすると、「不適合品の個数xは二項分布$B(n,P)$に従う」といいます。

> **参考**　二項分布の形を決める要素（パラメータ）は、試行の回数nと成功の確率Pです。

二項分布の計算

試験では、二項分布$B(n,P)$に従うデータxがとりうる値を計算する問題などが出題されます。3級での出題実績はあまりありませんが、考え方を確認しておきましょう。

1. xがとる値とパターン

たとえば、n個のサンプルを取り、その中にx個の不適合品が含まれる確率をPとします。このとき、xは二項分布$B(n,P)$に従います。

サンプルを$n=3$個取るとき、$P=1$の場合はxがとる値は1通りだけで、3 個の不適合品が含まれているパターンのみです。$P=0$ の場合も x がとる値は 1 通りだけで、0 個の不適合品が含まれているパターンのみです。$0<P<1$ の場合は 4 通りの値をとります。

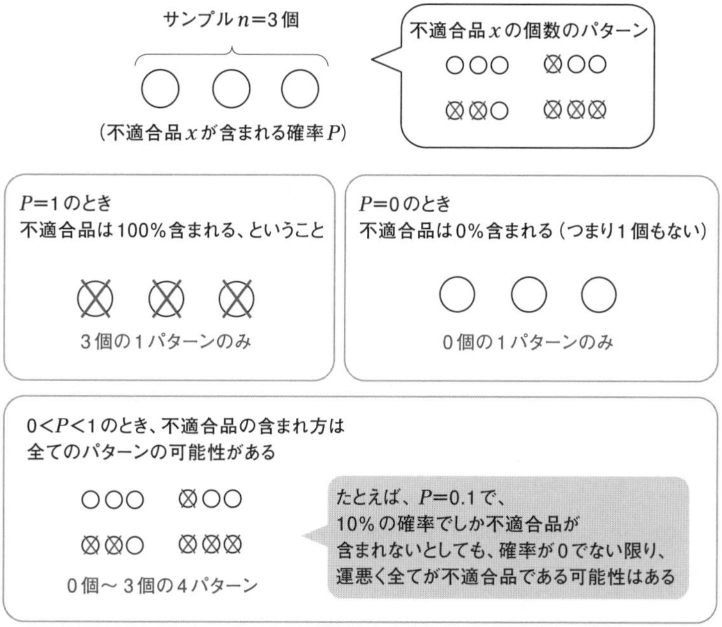

2. x の発生する確率

たとえば、先ほどの例と同様に $n=3$、$P=0.1$ の場合、不適合品 x の発生する確率は次ページの図のように計算します。

注意する点は、確率を計算するときには、どのサンプルが不適合品であるかの組み合わせを考える必要があることです。不適合品 x が 1 個となる確率を求めるためには「1 つ目が不適合品」「2 つ目が不適合品」「3 つ目が不適合品」の 3 つの組み合わせの確率を足し合わせる必要があります。

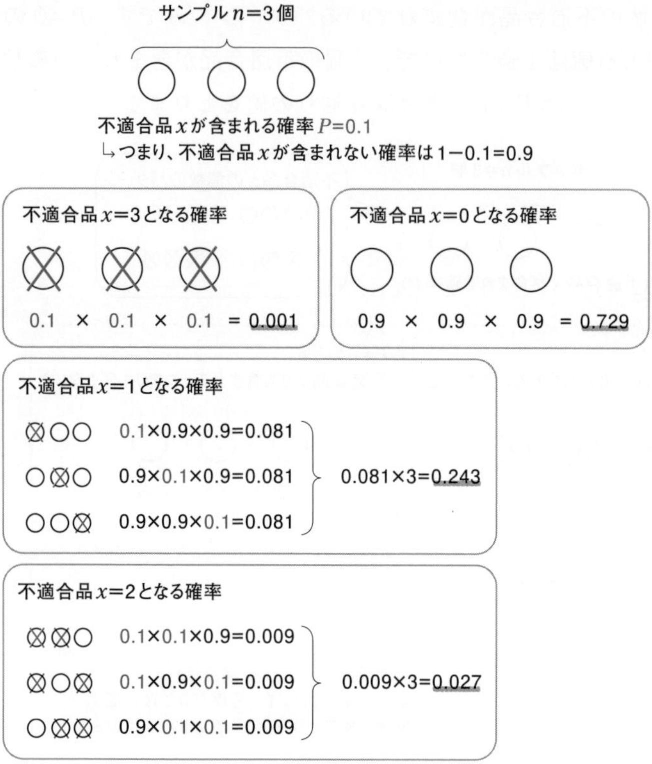

参考

二項分布$B(n,P)$の期待値はnP、分散は$nP(1-P)$、標準偏差は$\sqrt{nP(1-P)}$で求めることができます。あまり試験では問われませんが、簡単な式なので覚えておいても良いでしょう。

CHAPTER

2 重要ポイントのまとめ

POINT

1 正規分布

❶正規分布は計量値の分布。

❷正規分布のパラメータは平均 μ と分散 σ^2 で、正規分布は $N(\mu, \sigma^2)$ と表す。

❸正規分布の形は、左右対称の釣鐘型。

❹平均 μ が 0、分散 σ^2 が 1 の正規分布 $N(0,1^2)$ を標準正規分布という。

❺正規分布に従うデータの確率は、標準化を行い、Z の絶対値を K_P として、正規分布表から確率 P を読み取る。

❻標準化の式

$$Z = \frac{x - \mu}{\sigma}$$

2 二項分布

❶二項分布は計数値の分布。

❷二項分布のパラメータは試行の回数 n と成功の確率 P で、二項分布は $B(n,P)$ と表す。

CHAPTER

2

予想問題　問　題

問題 1　正規分布に従うデータの確率

$\boxed{\quad\quad}$ 内に入る最も適切なものを選択肢から選べ。

　ある製品の寸法は正規分布 $N(200,5^2)$ に従う。これを $Z=\dfrac{x-\boxed{(1)}}{\boxed{(2)}}$ により標準化すると、Z は $\boxed{(3)}$ 正規分布 $N(0,1^2)$ に従う。

　寸法が 196 以下になる確率を求めると約 $\boxed{(4)}$ %となる。また、200 以上になる確率は約 $\boxed{(5)}$ %となる。寸法が $\boxed{(6)}$ 以上になる確率は約 10%となる。

【$\boxed{(1)}$ ～ $\boxed{(6)}$ の選択肢】

ア．5　　イ．5^2　　ウ．0.8　　エ．21.19

オ．50　　カ．193.59　　キ．200

ク．206.41　　ケ．標準　　コ．基準

問題 2　$\mu\pm3\sigma$ の範囲に入る確率

$\boxed{\quad\quad}$ 内に入る最も適切なものを選択肢から選べ。

　母平均 μ と母標準偏差 σ の正規分布において、$\mu\pm3\sigma$ の範囲に入る確率は約 $\boxed{(1)}$ %である。たとえば、製造している製品の重さが正規分布に従うとき、$\mu\pm3\sigma$ の範囲を超える重さの製品を不適合品とすると、1000 個製造したときに不適合品は約 $\boxed{(2)}$ 個発生すると考えられる。

【$\boxed{(1)}$ ～ $\boxed{(2)}$ の選択肢】

ア．1　　イ．2　　ウ．3　　エ．0.13　　オ．0.26　　カ．99.7　　キ．99.9

問題 3　計数値の分布

[　　]内に入る最も適切なものを選択肢から選べ。

n 個のサンプルを抜き取り、その中に x 個の不適合品が含まれる確率を P とする。このとき、x は [(1)] 分布に従う。$n=4$ のとき、$0<P<1$ の場合は、x がとりうる値は [(2)] 通りである。たとえば、$P=0.3$ の場合、$x=0$ になる確率は [(3)] である。

【[(1)] ～ [(3)] の選択肢】

ア．正規	イ．二項	ウ．1	エ．2	オ．3	カ．4
キ．5	ク．0.3	ケ．0.7	コ．0.0081	サ．0.2401	

CHAPTER

2

予想問題 解答解説

問題 1　正規分布に従うデータの確率

【解答】　(1) キ　(2) ア　(3) ケ　(4) エ　(5) オ　(6) ク

【解き方】

まず、寸法が 196 以下になる確率を表す図を描きます。

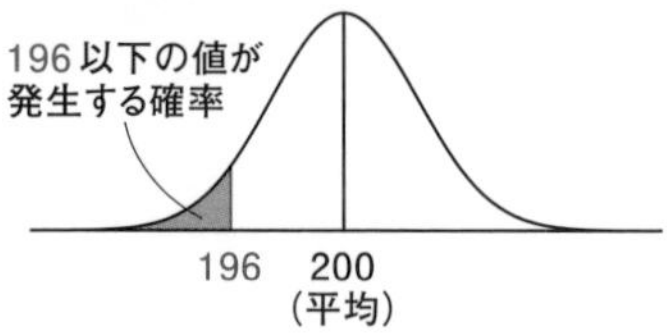

寸法が 196 以下になる確率を求めるために、正規分布 $N(200,5^2)$ を標準化すると、次のようになります。なお、標準化の式は Z で書かれることが多いですが、u などの記号が使われる場合もあります。

$$Z=\frac{x-200}{5}=\frac{196-200}{5}=-0.8$$

$|Z|=K_P=0.8$ より、正規分布表を用いて K_P から P を読み取ると、0.2119 と読み取れるので、x が 196 以下になる確率は 21.19%です。

(I) K_P から P を求める表

K_P	*=0	1	2	3	4	**5**	6	7	8	9
0.0*	.5000	.4960	.4920	.4880	.4840	**.4801**	.4761	.4721	.4681	.4641
0.1*	.4602	.4562	.4522	.4483	.4443	**.4404**	.4364	.4325	.4286	.4247
0.2*	.4207	.4168	.4129	.4090	.4052	**.4013**	.3974	.3936	.3897	.3859
0.3*	.3821	.3783	.3745	.3707	.3669	**.3632**	.3594	.3557	.3520	.3483
0.4*	.3446	.3409	.3372	.3336	.3300	**.3264**	.3228	.3192	.3156	.3121
0.5*	.3085	.3050	.3015	.2981	.2946	**.2912**	.2877	.2843	.2810	.2776
0.6*	.2743	.2709	.2676	.2643	.2611	**.2578**	.2546	.2514	.2483	.2451
0.7*	.2420	.2389	.2358	.2327	.2296	**.2266**	.2236	.2206	.2177	.2148
0.8*	.2119	.2090	.2061	.2033	.2005	**.1977**	.1949	.1922	.1894	.1867

寸法が 200 以上になる確率は計算しなくても 0.5（＝ 50%）と求めることができます。図を描くと、次のようになります。

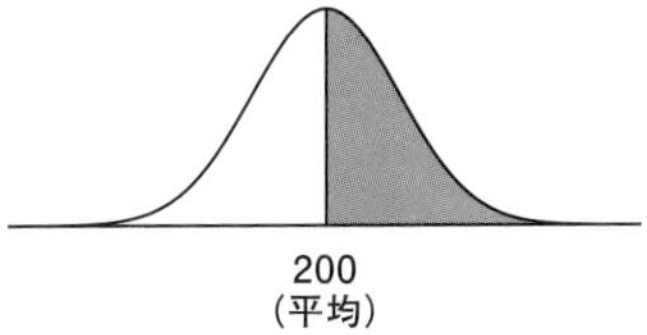

確率が 10%となる寸法の値は、正規分布表から K_P を読み取り、$K_P=|Z|$ より、標準化の式に代入することで求めます。

(Ⅱ) P から K_P を求める表

P	.001	.005	0.01	.025	.05	.1	.2	.3	.4
K_P	3.090	2.576	2.326	1.960	1.645	1.282	.842	.524	.253

$$1.282=\frac{x\pm 200}{5}$$

$$x\pm 200=1.282\times 5$$

$$x=6.41\pm 200$$

$$x=206.41\ \text{または}\ 193.59$$

確率が 10%となる寸法の値は 206.41 以上または 193.59 以下です。問題文より、「以上」を求める必要があるので、答えは 206.41 となります。

POINT

確率を求めるときには、図を描くようにしましょう。

確率から寸法を求める計算については、x と μ の差が 6.41 となる値が 2 つあるので、問題文をよく読んで、問われている値がどちらの値なのかを確認するようにしましょう。

問題2　$\mu \pm 3\sigma$の範囲に入る確率

【解答】　(1) カ　(2) ウ

【解き方】

まず、図を描きます。

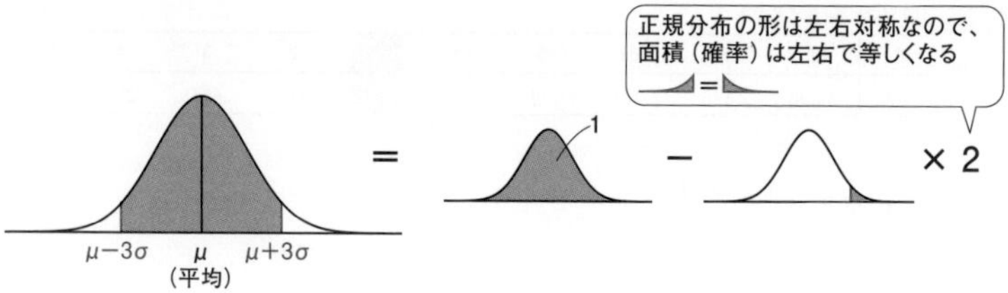

正規分布の形は左右対称なので、平均を中心に左右の確率は等しくなります。そのため、片方（$\mu+3\sigma$以上）の確率を求めて2倍し、1から引くと、$\mu \pm 3\sigma$の範囲に入る確率を求めることができます。

片方（$\mu+3\sigma$以上）の確率を求めるために、標準化を行います。

$$Z=\frac{(\mu+3\sigma)-\mu}{\sigma}=3$$

$|Z|=K_P=3$より、p.28の正規分布表を用いてK_PからPを読み取ると、0.0013と読み取れるので、$\mu+3\sigma$以上になる確率は0.13％です。最初に描いた図より、$\mu+3\sigma$以上になる確率を2倍して1から引くと、$\mu \pm 3\sigma$の範囲に入る確率は約99.7％と求めることができます。

$$1-2\times0.0013=0.9974$$

1000個製造したときの不適合品の個数は、$\mu \pm 3\sigma$の範囲に入らない確率なので、次の式で求めます。

$$1000\times(1-0.9974)\fallingdotseq2.6$$

四捨五入して、答えは3個となります。

POINT

どんな問題でも、正規分布に従うデータから確率を求めるときには、図を描くようにしましょう。

この問題のように、数値が与えられずに文字だけで計算する問題が出題されることがあります。正規分布の確率の考え方が理解できているかを問う問題として、今後も出題の可能性は十分にあるので、一度解いておきましょう。

問題3　計数値の分布

【解答】　(1) イ　(2) キ　(3) サ

【解き方】

サンプルが $n=4$ 個で、不適合品が含まれる確率が $P=0.3$ の場合、$x=0$（不適合品が1つもない）になる確率は次のように計算します。

$$(1-0.3)\times(1-0.3)\times(1-0.3)\times(1-0.3)=0.2401$$

POINT

二項分布は計数値（1個、2個と数え上げる値）の分布です。$P=0$（不適合品が含まれる確率が0%）もしくは $P=1$（不適合品が含まれる確率が100%）のときは x は1通りの値しかとりません。$0<P<1$ の場合は、不適合品が含まれる確率が0%や100%ではないので、x は0〜4個までの5通りの値をとります。

確率の計算については、$P=0.3$ は不適合品が発生する場合の確率であることを確認してから計算しましょう。不適合品が発生しない場合の確率は $1-0.3=0.7$ で計算します。

CHAPTER 3

CHAPTER 3

QC七つ道具

3級では最も重要な章です。
ボリュームは大きいですが、
この章の内容はすべて得点に直結します。

★★★ 内容を深く理解しているレベル
★★ 定義と基本的な考え方を理解しているレベル
★ 言葉を知っているレベル

3章の構成

1 層別

★★★
P49

出題分析 毎回平均 **2.7**/100点

第20回:**4点**	第21回:**6点**	第22回:**0点**	第23回:**0点**
第24回:**1点**	第25回:**0点**	第26回:**1点**	第27回:**8点**
第28回:**3点**	第30回:**0点**	第31回:**3点**	第32回:**6点**

「層別」とは、「分類すること」です。他の手法と組み合わせて使うため、他のQC七つ道具と一緒に出題されることが多い範囲です。

2 パレート図

★★★
P50

出題分析 毎回平均 **5.5**/100点

第20回:**0点**	第21回:**8点**	第22回:**5点**	第23回:**0点**
第24回:**7点**	第25回:**9点**	第26回:**8点**	第27回:**4点**
第28回:**10点**	第30回:**4点**	第31回:**5点**	第32回:**6点**

ほぼ毎回出題される重要な範囲で、パレート図から情報を読み取る問題やパレート図の作成手順がよく出題されます。

3 特性要因図

★★★
P57

出題分析 毎回平均 **3.0**/100点

第20回:**5点**	第21回:**0点**	第22回:**1点**	第23回:**7点**
第24回:**0点**	第25回:**3点**	第26回:**1点**	第27回:**0点**
第28回:**5点**	第30回:**5点**	第31回:**3点**	第32回:**6点**

覚える用語は比較的多いですが、内容の難易度は低めです。8章以降の範囲と一緒に問われることもあります。「特性と要因の関係を整理する手法」と覚えましょう。

4 ヒストグラム

★★★
P62

出題分析　毎回平均 **3.3**/100点

第20回:5点	第21回:0点	第22回:1点	第23回:0点
第24回:6点	第25回:1点	第26回:2点	第27回:7点
第28回:7点	第30回:5点	第31回:6点	第32回:0点

ヒストグラムの形の名前、特徴などを答える問題や、ヒストグラムの作成手順がよく出題されます。5章で学ぶ管理図、6章で学ぶ工程能力指数と合わせて出題されることも多いため、3.3点分よりも重要な範囲です。

5 散布図

★★★
P72

出題分析　毎回平均 **3.1**/100点

第20回:4点	第21回:0点	第22回:0点	第23回:11点
第24回:0点	第25回:2点	第26回:6点	第27回:0点
第28回:5点	第30回:0点	第31回:8点	第32回:1点

4章で学ぶ相関係数と一緒に出題されることが多く、相関係数の問題を解くには散布図の知識が必須なので、重要度は3.1点分よりも高いといえます。

6 チェックシート

★★★
P78

出題分析　毎回平均 **3.7**/100点

第20回:5点	第21回:0点	第22回:7点	第23回:5点
第24回:0点	第25回:5点	第26回:3点	第27回:0点
第28回:7点	第30回:0点	第31回:7点	第32回:5点

どのチェックシートを用いるのが適切か（チェックシートの用途）を答える問題と、チェックシートから情報を読み取る問題がよく出題されます。

7 グラフ

★★★
P82

出題分析　毎回平均 **2.3**/100点

第20回:6点	第21回:0点	第22回:4点	第23回:0点
第24回:0点	第25回:0点	第26回:4点	第27回:5点
第28回:0点	第30回:0点	第31回:7点	第32回:1点

各グラフの概要を答える問題と、レーダーチャートから情報を読み取る問題が比較的多く出題されます。

0 QC七つ道具とは

QC七つ道具は改善のために用いる手法

QC七つ道具は、主に数値データを解析して問題の解決を進める手法です。3級の試験ではQC七つ道具が最も重要な範囲です。

覚える！

《 問題解決の手法 》

QC七つ道具

- データ
  - 数値データ
    - 計量値…長さや重さなどの連続量
    - 計数値…不適合品数などの数えるもの
  - 言語データ…言葉で表現するデータ

新QC七つ道具※1

※1 新QC七つ道具は7章で学習します。

QC検定を学ぶにあたって、「安定した良いプロセス（工程）があってこそ、安定した良い結果（品質）を生み続けることができる」という考え方は基本です。慣れておくと良いでしょう。

参考

QC七つ道具は、層別、パレート図、特性要因図、ヒストグラム、散布図、チェックシート、グラフ・管理図で構成されています。管理図はボリュームが大きいので、この本では他のQC七つ道具と章を分けて5章で学習します。

1 層別

毎回平均 2.7/100点

層別はデータを分類すること

層別《そうべつ》は、母集団《ぼしゅうだん》※1を分類する考え方のことです。JIS Z8101-2 では「母集団を層に分ける分割」と書かれています。

※1 母集団：調べる対象の集団全体のこと。

ほかのQC七つ道具は、問題解決につながる情報を知るためにデータをグラフにしたり、図にしたりします。層別はこれらと違い、個々のデータの特徴や共通点に注目して、データをグループに分けます。

層別はほかのQC七つ道具である「パレート図」「ヒストグラム」「散布図」※2などと合わせて出題されることが多いです。

※2 パレート図、ヒストグラム、散布図はこれから順番に学習します。

層別にあたっての注意点

層別するにあたって最も大事なことは、いろいろな層別ができるように、データを取る前に**データの性質や履歴を明らかにしておくこと**です。適切な履歴が残されていないデータを使うと、有効な層別ができないので、効果のある分析ができません。

また、層別では、全体として見れば関係がありそうでも層別をすると関係がない場合や、関係がなさそうに見えて実は関係がある場合があるため、注意が必要です。

参考	不適合品が発生するのは、適合品を製造したときの条件と不適合品を製造したときの条件が異なるからです。層別は、不適合品が発生したときの条件の違いを発見するヒントを与えてくれます。

2 パレート図

毎回平均 5.5/100点

パレート図は取り組むべき問題や課題の優先順位を明らかにする

パレート図は取り組むべき問題や課題の優先順位を明らかにするために用いる手法です。主に、不適合品を不適合項目別に分類した結果から、どの不適合項目が多いのか、どの不適合項目から優先的に処置をとるべきかを明らかにするために用います。JIS Z9041-1 では「不適合などをその原因別、状況別、位置別などに層別※1した結果を表すのに用いられる」と書かれています。

※1 データの特徴や共通点に注目してグループ分けすること。

パレート図は、**不適合項目を件数の多い順に並べ、その大きさを棒グラフで表し、さらに累積百分率を折れ線グラフで表します**。累積百分率とは、各項目の比率を順に足し上げた比率のことで、最終的に100%になります。イメージが湧きにくい方は、これから紹介するパレート図の作成手順で確認してください。

パレート図の縦軸は一般的に件数や時間にしますが、項目ごとに金額が違う場合には、縦軸を金額にする方が適切に問題の重要性を表すことができます。

覚える！

《 パレート図の形 》

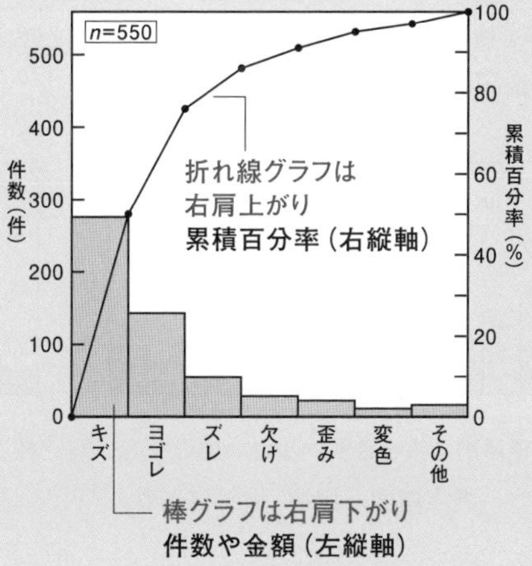

パレート図は重点指向の考え方に基づく

限られた経営資源のもとで、問題解決に取り組むとき、数多くの問題にまんべんなく取り組むのではなく、**結果への影響の大きいものから取り組んでいく考え方が重点《じゅうてん》指向《しこう》**です。重点指向の考え方で、取り組むべき課題の優先順位を教えてくれる手法の一つがパレート図です。

仕事の管理を行うときに、少数重点項目に着目して管理することを重点管理といいます。

参考

重点指向の考え方は「全体の20%の要素が全体の80%の結果を生み出している」というパレートの法則に基づいています。

例題 3-2-1

パレート図は、［(1)］にデータを集計し、その件数を［(2)］に並べ替え、項目の件数を［(3)］、累積百分率を［(4)］で表示して、結果への影響が大きい項目から改善を検討する。このような考え方は［(5)］と呼ばれる。パレート図として正しいのは［(6)］である。

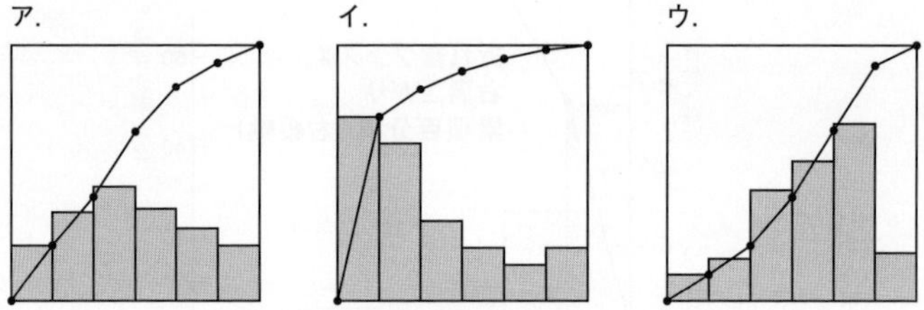

【選択肢】項目別　大きさ別　小さい順　大きい順　棒グラフ
折れ線グラフ　重点指向　標準　ア　イ　ウ

【解答】（1）項目別　（2）大きい順　（3）棒グラフ　（4）折れ線グラフ
（5）重点指向　（6）イ

棒グラフは項目を大きい順に並べるため右肩下がり、折れ線グラフは累積百分率を最終的に100%になるように足していくため右肩上がりになります。

パレート図の作成手順もよく出題される

パレート図の作成手順もよく出題されますが、穴埋めなので、ポイント（色のついている部分）だけ押さえておきましょう。

1. データの分類項目を決める

不適合品の状況（キズや欠けなど）を分類項目にします。

元データ

不適合の原因	件数
キズ	275
欠け	28
ズレ	55
その他	16
ヨゴレ	143
歪み	22
変色	11
合計	550

2. 分類項目にデータを集計する

データを大きい順に並べ替え、累積百分率※2を計算します。ただし、分類項目として「その他」がある場合には、最後に配置します。

※2 各項目の比率を順に足し上げた比率。最終的に100%になる。

覚える！

《 計算方法 》

比率 ＝ 件数 ÷ 件数の合計

例：ズレの比率＝ズレの件数55÷不適合品数の合計550＝0.1→10%

累積百分率…比率を順番に足し上げて計算する

例：ズレの累積百分率＝キズの比率50%＋ヨゴレの比率26%＋ズレの比率10%＝86%

元データ

不適合の原因	件数
キズ	275
欠け	28
ズレ	55
その他	16
ヨゴレ	143
歪み	22
変色	11
合計	550

➡ 並べ替え・計算後

不適合の原因	件数	比率[%]	累積百分率[%]
キズ	275	50	50
ヨゴレ	143	26	76
ズレ	55	10	86
欠け	28	5	91
歪み	22	4	95
変色	11	2	97
その他	16	3	100
合計	550	100	－

3. 棒グラフと折れ線グラフを作成する

左側の縦軸に件数をとり、0から件数の合計の値までの目盛を入れます。右側の縦軸には累積百分率を示す0%から100%までの目盛を入れます。

横軸には左から順に件数の多い不適合項目を記入します。ただし、「その他」は必ず一番右に配置します。

各不適合項目の件数を棒グラフにします。棒グラフは、幅を等しくとり、間を空けずに描くようにします。

累積百分率を表す折れ線グラフは、0を始点として、棒グラフの右肩の位置に累積数を打点し、各点を結びます。この折れ線グラフを累積曲線といいます。

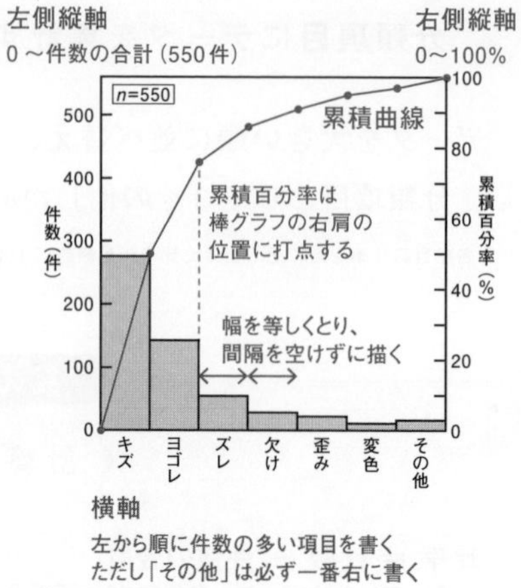

4. 必要事項を記入し、パレート図を完成させる

表題、データの採取期間、データ数（不適合品数）の合計、工程名、作成者名、作成日などを記入します。

パレート図から改善効果を計算する

上位項目が際立っており、それ以外の項目の件数が少ないパレート図は、手をつけるべきことがはっきりしているので、効果的な改善が期待できます。

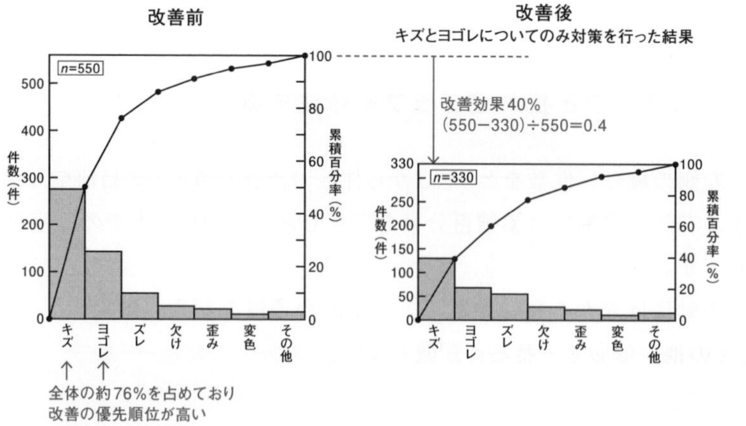

例題 3-2-2

表において、改善前の不適合品数の上位から2つ目の不適合項目は (1) で、全体の (2) %を占めている。改善前の不適合品数の上位70%を占める項目まで対策を行うとき、対策を行う項目は (3) 項目である。

改善前と改善後のパレート図を比較すると、改善効果は (4) %である。

不適合項目	改善前の不適合品数	改善後の不適合品数
キズ	100	50
欠け	80	40
ズレ	50	40
変色	20	30
その他	30	30
合計	280	190

【選択肢】欠け、ズレ、2、3、18、29、32、50

【解答】 (1) 欠け (2) 29 (3) 3 (4) 32

改善前の不適合品数の上位から2つ目の不適合項目は「欠け」です。

欠けの比率 ＝ 件数 ÷ 件数の合計 ＝ 80 ÷ 280 ≒ 0.29 → 29%

対策を行う上位70%を求めるには、累積百分率を計算します。累積百分率は比率を順番に足し上げて計算します。

上位1項目：36%（キズの比率36%）

上位2項目：65%（キズの比率36%＋欠けの比率29%）

上位3項目：83%（キズの比率36%＋欠けの比率29%＋ズレの比率18%）

ここで70%を超えたので、上位3項目まで対策を行うことになります。

改善効果は次の式で求めます。

$$改善効果 = \frac{(改善前の不適合品数合計 - 改善後の不適合品数合計)}{改善前の不適合品数合計}$$

$$= \frac{(280 - 190)}{280} \fallingdotseq 0.32 \rightarrow 32\%$$

3 QC七つ道具

パレート図を作成するときの注意点

重要な問題を明らかにするには、パレート図の縦軸を個数や件数だけでなく、金額換算して図示すると、改善効果の大きな問題を抽出できることがあります。

また、各項目の件数に差が無く、その他の件数が多いパレート図が出来上がってしまったときは、取り上げる項目を変えてみることが必要になります。その際に、どのような観点（基準）でデータを区分するかという層別※3の考え方が非常に有効になります。

※３データの特徴や共通点に注目してグループ分けすること。

参考	層別では、全体として見れば関係がありそうでも層別をすると関係がない場合や、関係がなさそうに見えて実は関係がある場合があることに注意します。 たとえば、上位項目が際立っているように見えるパレート図でも、層別をすると実は項目の間に大きな差がないことがわかることがあります。

3 特性要因図

毎回平均 3.0/100点

特性要因図は特性（結果）と要因（原因）の関係を魚の骨のように表した図

特性要因図は、仕事の結果（特性）と、それを引き起こす要因（原因）との関係を、矢印を使って魚の骨のように表した図です。JIS Q9024では「特定の結果（特性）と要因との関係を系統的に表した図」と説明されています。

覚える！

《 特性要因図の特徴 》

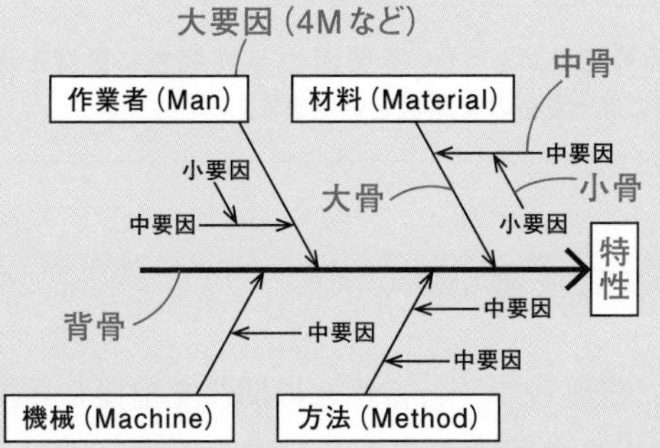

特性要因図は
- ●右側に特性を書く
- ●特性に向かって水平に矢印を引く
- ●水平に引いた矢印に向かって要因を書く

特性要因図の作成手順

1. 特性を取り上げる

特性（品質特性）とは、長さや重さ、耐久性などの品質を評価する指標のことで、特性要因図の特性には対策あるいは改善しなければならない問題を取り上げます。

2. 要因を取り上げる

要因には特性に影響を与えていそうなものを取り上げます。要因はひとつではなく、数多くあるのが普通であるため、考えられる要因を洗いざらい出してみる必要があります。このときには、ブレーンストーミング[※1]の手法が効果的です。

※1 次のページで学習します。

> **参考**　特性に影響している可能性があるものを要因といい、特性に影響を与えていることが明確になったものを原因といいます。

3. 要因を整理しつつ矢印を書いていく

出された要因は、4Mで整理して[※2]、特性との関係を把握し具体的なアクションがとれる要因まで展開することが重要です。4Mとは、人（Man）、機械（Machine）、材料（Material）、方法（Method）のことです。

※2 時間や環境別に整理することもあります。

要因を整理したら、図を書いていきます。まず、右側に特性を書いて四角で囲み、それに向かって左から水平に太い矢印（背骨といいます）を書きます。大きな要因から背骨に向けて矢印（大骨といいます）を書き、要因は大骨からさらに中骨・小骨・孫骨と展開していきます。

覚える！

《 特性要因図の形 》

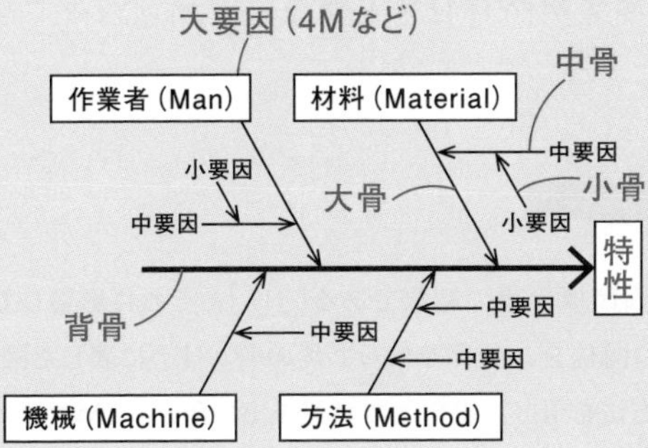

4. 調整する

ひとまず完成した特性要因図について、要因に漏れがないかなどを関係者全員でチェックして最終的な調整を行います。チェックの際に、影響度の大きな要因には他の要因と区別できるように丸で囲むなどします。

参考　**各要因の影響度は過去のデータなど、客観的な事実に基づいて評価したり、多数のメンバーから意見を求めたりして重み付けをします。これによって、対策の際の優先順位を決める手がかりを得られます。**

最後に、表題、関係者、作成年月日など必要事項を記入します。

要因を探すときはブレーンストーミングで意見を出し合う

問題の原因を探すときには、ブレーンストーミングの方法が用いられます。**ブレーンストーミングとは、関係する人たちが参加して自由に意見を出し合う方法**です。このとき、主観的な意見だけでは役に立たないため、事実に基づいて意見を出し合うことが大切です。

ブレーンストーミングには４つの基本ルールがあります。①自由に意見を出し合う、②なるべく多くの意見を出す、③他人の意見を批判しない、④意見を組み合わせてみる、の４つのルールを守るようにします。

例題 3-3-1

特性要因図は仕事の結果である (1) とそれに影響していると考えられる (2) との関係を、矢印を使って魚の骨のように表した図である。(2) は (3) の方法を用いて複数名で意見を出し合い、4M で整理する。4M とは、人、機械、材料、(4) のことである。

【選択肢】特性　要因　PDCA　ブレーンストーミング　方法　安全

【解答】（1）特性　（2）要因　（3）ブレーンストーミング　（4）方法

特性には対策や改善をしなければならない問題を取り上げます。また、ブレーンストーミングで要因を探すときには、事実に基づいて意見を出し合うようにします。

特性要因図作成の注意点

特性要因図は現状把握や解析がある程度進んだ段階で作成するようにします。また、要因は大骨から小骨、孫骨まで、徐々に具体的になっていくように整理します。

参考　特性を目的に該当するような表現にすると、原因ではなく対策を考えてしまうことになるので、問題を取り上げるように注意します。

参考　特性要因図に挙げられた要因はあくまでも仮説なので、特性要因図を作った後もデータに基づいた検証と更新が必要です。異常が発生するたびに特性要因図を用いて要因の重みづけを行い、重要度の順に日常の管理をおこないます。

特性要因図は工程解析を行う方法の一つ

工程や品質の管理・改善のために、工程における特性と要因との因果関係を明らかにするのが工程解析です。工程解析では、特性要因図などを使って特性と要因との関係を系統的に整理します。「系統的に」とは、大まかなものから徐々に具体的なものまで掘り下げる、ということです。

参考

要因の追求には計量的要因[※3]と計数的要因[※4]を区別することが必要です。特性と要因の関係性が複雑な場合には、計量的要因の場合は散布図[※5]、計数的要因の場合は層別を用いることがあります。また、新QC七つ道具の連関図法[※6]などを用いることもあります。

※3 計量的要因：長さや重さなどのような、連続した値をとる要因。
※4 計数的要因：不適合品数や人数などのような、1つ、2つと数え上げる要因。
※5 この章でこれから学習します。
※6 新QC七つ道具は7章で学習します。

4 ヒストグラム

毎回平均 3.3/100点

ヒストグラムはデータのばらつきや分布形状を明らかにする

ヒストグラムはデータのばらつきや分布の様子を見える形にするために用いる手法です。JIS Q9024では「計測値の存在する範囲を幾つかの区間に分けた場合、各区間を底辺とし、その区間に属する測定値の度数に比例する面積をもつ長方形を並べた図」と説明されています。度数とはデータの数です。

JISの定義を単純にすると、ヒストグラムとは、横軸にデータの区間、縦軸に度数（データの数）をとって、棒グラフにした図です。

覚える！

《 ヒストグラムの形 》

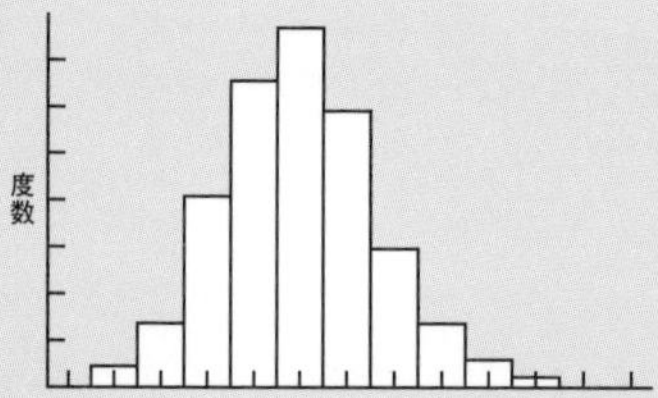

ヒストグラムは
データのばらつきや分布の様子を棒グラフで表した図
縦軸や横軸が表すのは
●横軸はデータの区間
●縦軸は度数（データの数）

品質管理の基本は、品質にばらつきを与える要因を把握して、これを改善して管理していくことです。ヒストグラムによって、母集団の中心の位置やばらつきの大きさが視覚的にわかるとともに、その形から母集団で起こっている不適合の発生状況など、様々な情報を読み取ることができます。

ヒストグラムの形には名前がついている

ヒストグラムの形には名前がついています。試験でとてもよく出題されるので、最低でも名前とグラフの形をセットで覚えましょう。そのあとで、どういうときにその形になるのか覚えていきましょう。

覚える！

《 一般型 》

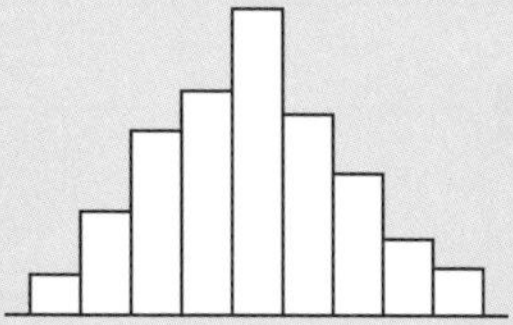

一般型
中心付近が最も高く、中心から離れるに従って徐々に低くなる左右対称のもの。
工程が管理された状態の場合にできる。

覚える！

《 二山型 》

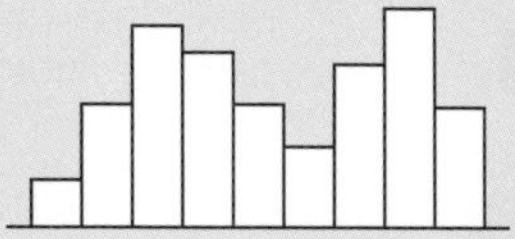

二山型
左右に二つの山が見られる。
平均値の異なる二つの分布が混じり合っている場合に発生することが多い。改善のためには層別してみる。

覚える！

《 離れ小島型 》

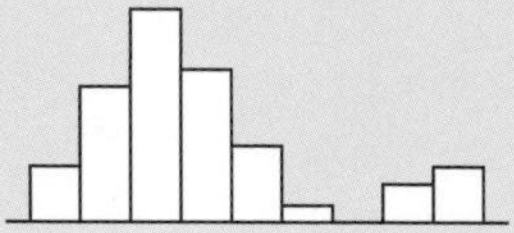

離れ小島型
本体より少し離れた位置に小山が描かれる。
●工程に異常がある
●測定に誤りがある
●他の工程のデータが混じっている
などの場合に発生することが多い。

覚える!

《 絶壁型 》

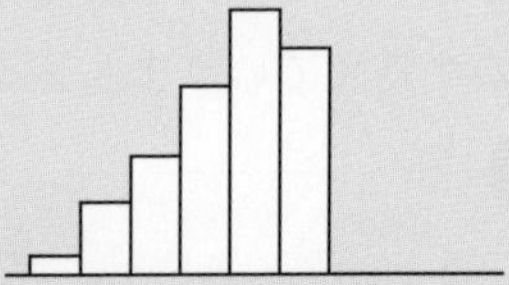

絶壁型
端が切れたもの。
規格外れのものを選別して除いたときにできることが多い。

覚える!

《 歯抜け型 》

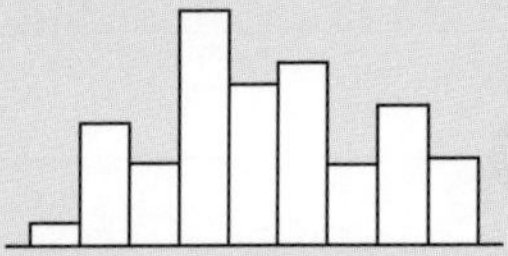

歯抜け型
区間の度数が交互に増減している。
●区間の決め方が適切でない（区間の幅が測定単位の整数倍になっていないなど）
●測定のやり方にくせがある
などの場合に発生することが多い。

覚える!

《 高原型 》

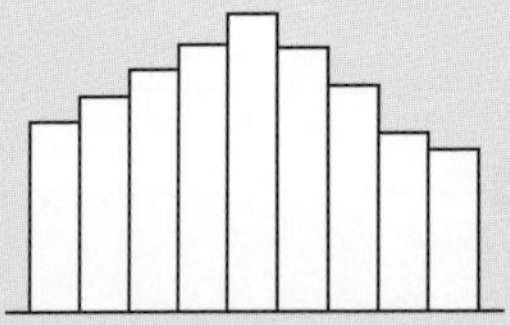

高原型
各区間の度数にあまり差がないもの。複数の分布が混じり合っている場合に発生することが多い。改善のためには層別してみる。

ヒストグラムの見方

ヒストグラムを見るときは、大体の形を見て、どうしてその形が現れたのかを考えます。また、規格[※1]が定められている場合には、ヒストグラムが規格の上限と下限の間にゆとりをもって収まっているかを確認します。

※1 規格：要求される品質の基準。規格の上限を上回ったり、下限を下回ったりしている場合は不適合品として扱います。

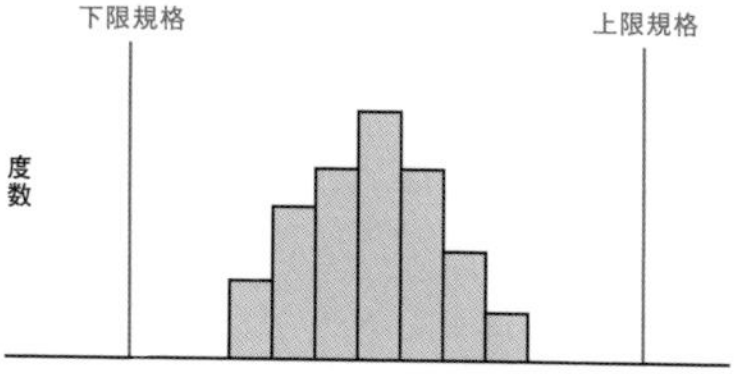

一般型で、ばらつきが小さく、分布の中心も規格のほぼ真ん中にあり、不適合品も発生していない。

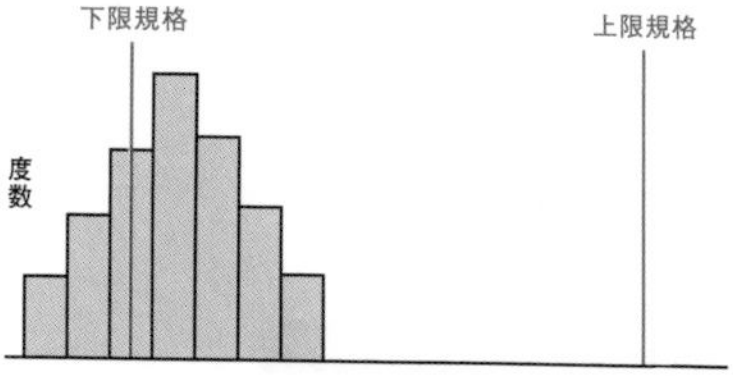

一般型で、ばらつきが小さいが、分布の中心が規格の中心からずれており、不適合品が発生している。

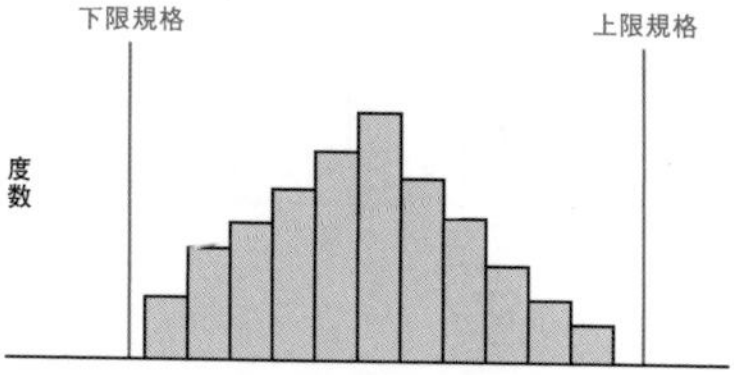

一般型だが、ばらつきがやや大きい。分布の中心は規格のほぼ真ん中にあり、不適合品も発生していない。

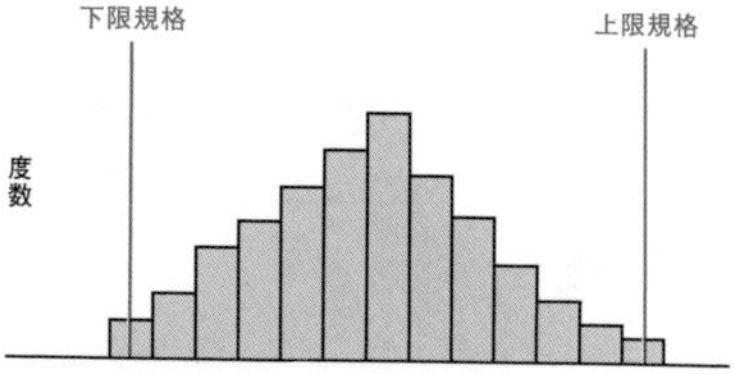

一般型だが、ばらつきが大き過ぎるために不適合品が発生している。分布の中心は規格のほぼ真ん中にある。

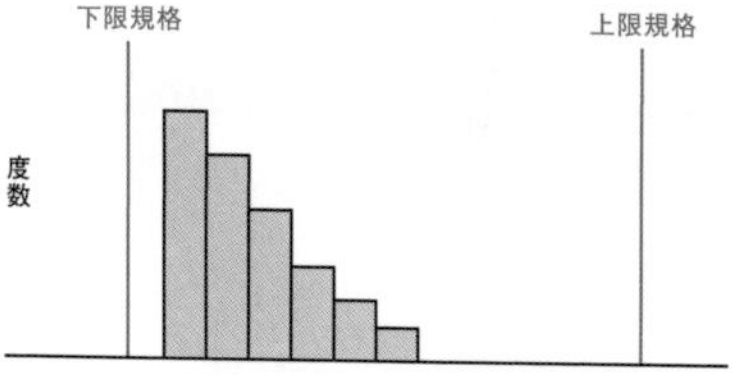

絶壁型で、規格外れの不適合品を選別して除いた後だと考えられる。

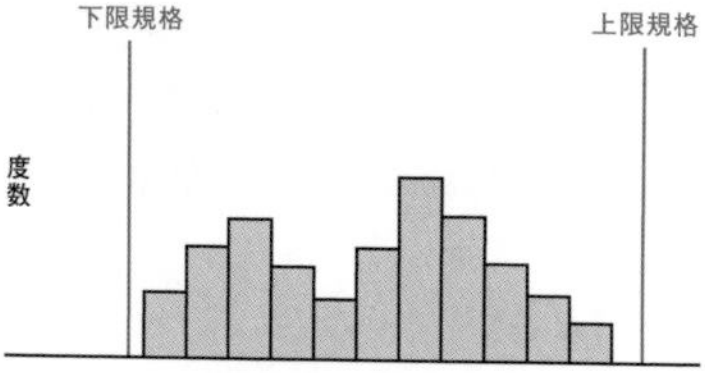

二山型で、平均値の異なる2つの分布が混じっていると考えられる。

参考

二山型のヒストグラムの場合、層別前は2つの分布が混じっていると考えられるため、層別によって分布を分けてそれぞれの分布の問題点を考えます。

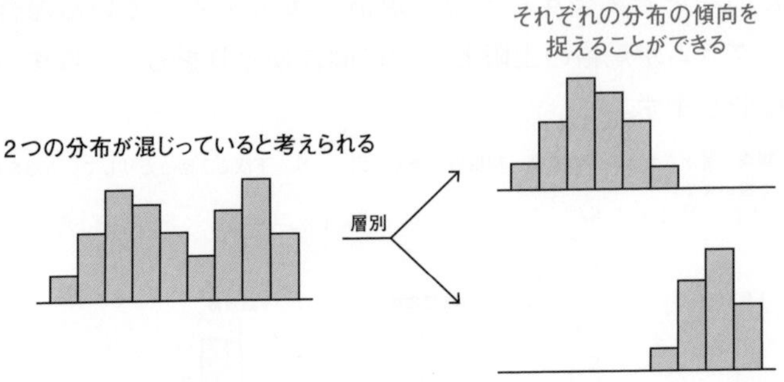

例題 3-4-1

Aのヒストグラムに関する説明は (1) 、Bに関する説明は (2) である。

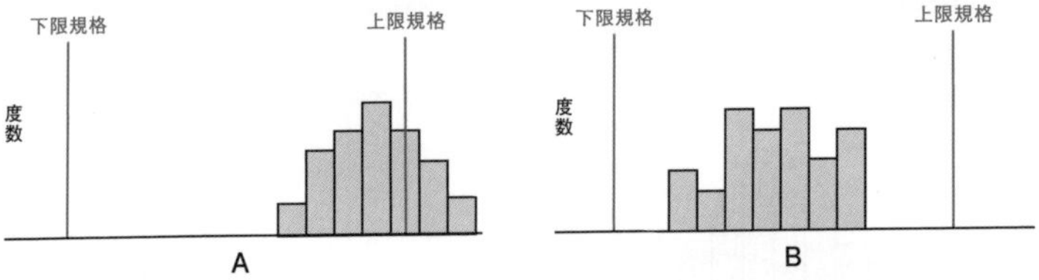

【選択肢】

ア. 歯抜け型である。平均値は規格のほぼ中心で、規格外れの不適合品は発生していない。

イ. 左右対称の一般型である。平均値は規格のほぼ中心で、規格外れの不適合品は発生していない。

ウ. 左右対称の一般型である。平均値が規格の上限側に偏っており、規格外れの不適合品が発生している。

【解答】 (1) ウ　(2) ア

ヒストグラムは上限規格と下限規格の間に余裕を持っておさまっているのが理想です。ばらつきが大きいほどヒストグラムの横幅が広がり、規格に対して余裕がなくなります。上限規格を上回っていたり、下限規格を下回っていたりする部分は不適合品として扱います。

ヒストグラムは度数分布表に基づいて作成する

度数分布表（度数表）は、測定値の存在する範囲をいくつかの区間に分けて、各区間に入る測定値の出現度数をマークして数え、全体の分布をつかみやすくした表です。

ヒストグラムは度数分布表を作成してから描きます。作成の手順や値の計算も試験では問われます。ここからは手順のイメージを掴むために例を用いて説明します。例の後に、手順と計算方法のまとめも載せているので確認しましょう。

例で使用するデータ

8.4	10.2	12.1	14.4	17.6	18.8
19.1	19.2	19.8	20.8	21.5	22.1
22.6	22.7	23.2	23.5	23.9	24.0
24.1	24.4	24.5	24.5	24.7	24.8
24.8	25.1	26.0	26.3	26.5	27.3
28.5	31.6	34.2	36.2	40.1	43.0

1. 区間の数を決める

データの数を数え、その平方根を区間の数にします。平方根の計算結果が整数でない場合は、一番近い整数を区間の数と決めます。

例のデータの数は36個なので、区間の数は6にします。

参考

平方根は電卓で計算します。電卓にデータの数を入力し、√を押すと、区間の数を求めることができます。たとえば、データの数が50個で、区間の数を計算すると約7.1だった場合、7か8が近い整数ですが、7.1は7の方に近いので、区間の数は7にします。

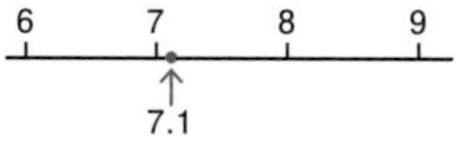

2. 区間の幅を決める

範囲（最大値と最小値の差）を区間の数で割り、測定単位の整数倍に丸めます。「測定単位の整数倍に丸める」とは、測定されたデータが 0.1 きざみで記録されているときは区間の幅も 0.1 単位にする、ということです。**試験で整数倍に丸めるときは、測定単位の 1 けた下の数値を四捨五入します。**

例のデータの最大値 43.0 と最小値 8.4 の差を 1. で求めた区間の数 6 で割ると、約 5.77 になります。例のデータの測定単位は 0.1 きざみなので、測定単位の 1 けた下の数値（この例では 7）を四捨五入すると、区間の幅は 5.8 になります。

$$\frac{43.0 - 8.4}{6} \fallingdotseq 5.77 \rightarrow 5.8$$

3. 最初の区間の下側境界値を求める

最小値から測定単位の 2 分の 1 を引いた値を下側境界値にします。

例のデータの最小値は 8.4、測定単位は 0.1 なので、最初の区間の下側境界値は 8.35 になります。

$$8.4 - \frac{0.1}{2} = 8.35$$

4. 最初の区間の上側境界値を求める

上側境界値は、下側境界値に区間の幅を足して求めます。

この例では、3. で求めた下側境界値 8.35 に 2. で求めた区間の幅 5.8 を足して、最初の区間の上側境界値は 14.15 になります。

$$8.35 + 5.8 = 14.15$$

5. 最初の区間の中心値を求める

中心値は、下側境界値と上側境界値の平均で求めます。

この例では、3. で求めた下側境界値 8.35 と 4. で求めた上側境界値 14.15 の平均をとって、最初の区間の中心値は 11.25 となります。

6. 各区間の境界値、中心値を求める

最初の区間の下側境界値、上側境界値、中心値を求めたら、各区間のそれぞれの値を求めて度数分布表に記入していきます。**各区間のそれぞれの値は、1つ前の区間の値に区間の幅を足すことで求めていくことができます。**

区間の幅（5.8）を足していく

No.	区間	中心値	度数
1	8.35～14.15	11.25	3
2	14.15～19.95	17.05	6
3	19.95～25.75	22.85	17
4	25.75～31.55	28.65	5
5	31.55～37.35	34.45	3
6	37.35～43.15	40.25	2

7. 各区間に入るデータの数、すなわち度数を数える

各区間に入るデータの数を数えて度数分布表に記入し、度数分布表を完成させます。各区間に入るデータの数のことを度数と呼びます。

8. 度数分布表に基づき、ヒストグラムを作成する

度数分布表に基づいてヒストグラムを描きます。

最後に、データ数、平均値、標準偏差、規格値などの必要事項を記入して、ヒストグラムは完成です。**規格値は要求される品質の基準を数値で表したもの**で、上限規格値を上回ったり、下限規格値を下回ったりしている場合は不適合品として扱います。

覚える!

《 ヒストグラムの作成手順と計算方法 》

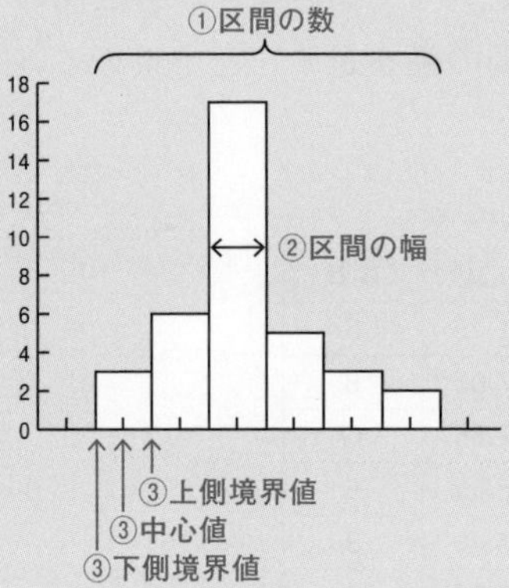

④区間の幅を足していく　⑤度数を数える

No.	区間	中心値	度数
1	8.35～14.15	11.25	3
2	14.15～19.95	17.05	6
3	19.95～25.75	22.85	17
4	25.75～31.55	28.65	5
5	31.55～37.35	34.45	3
6	37.35～43.15	40.25	2

① 区間の数を決める

$$\text{区間の数} = \sqrt{\text{データの数}}$$

② 区間の幅を決める

$$\text{区間の幅} = \frac{\text{最大値} - \text{最小値}}{\text{区間の数}}$$

③ 最初の区間の下側境界値、上側境界値、中心値を求める

$$\text{下側境界値} = \text{最小値} - \frac{\text{測定単位}}{2}$$

$$\text{上側境界値} = \text{下側境界値} + \text{区間の幅}$$

$$\text{中心値} = \frac{\text{上側境界値} + \text{下側境界値}}{2}$$

④ 各区間の境界値、中心値を求める

$$\text{各区間の値} = 1\text{ つ前の区間の値} + \text{区間の幅}$$

⑤ 各区間に入るデータの数（度数）を数える

⑥ ヒストグラムを描く

例題 3-4-2

ヒストグラムの作成に用いる各値の計算方法は以下の通りである。

1. 区間の数はデータ数の (1) を求めて、その値に近い整数にする。
2. 区間の幅は (2) を (3) で割り、(4) の整数倍に丸める。
3. 最初の区間の下側境界値は (5) から (4) の (6) 倍を引いて求める。
4. 最初の区間の上側境界値は下側境界値に区間の幅を足して求める。
5. 中心値は (7) で求める。

【選択肢】二乗　平方根　範囲　最小値　区間の数　測定単位
2　0.5　最大値と最小値の平均　上側境界値と下側境界値の平均

【解 答】 (1) 平方根　(2) 範囲　(3) 区間の数　(4) 測定単位
(5) 最小値　(6) 0.5　(7) 上側境界値と下側境界値の平均

試験ではこの例題のように、計算方法を穴埋めで問われることがあります。

試験で平方根を求めるときは、電卓にデータの数を入力し、「√」を押すと平方根の値が表示されます。

範囲は最大値から最小値を引いた値です。試験では、「区間の幅は範囲を区間の数で割って求める」と書かれるパターンや「区間の幅は最大値と最小値の差を区間の数で割って求める」と書かれるパターンもあります。

「測定単位の整数倍に丸める」とは、測定されたデータが 0.1 きざみで記録されているときは区間の幅も 0.1 単位にする、ということです。試験で整数倍に丸めるときは、測定単位の 1 けた下の数値を四捨五入します。

5 散布図

毎回平均 3.1/100点

散布図は対になったデータ (x, y) の関係を表す

散布図は対になったデータ (x,y) の関係を表すためのグラフです。JIS Q9024では「二つの特性を横軸と縦軸とし、観測値を打点して作るグラフ」と説明されています。散布図は一般的に計量値のデータの相関関係を調べるために、2つの変数を x と y として軸にとり、x と y の関係を視覚的に表します。x が増加するとき y も増加または減少する関係のことを相関関係といいます。

覚える!

《 散布図の形 》

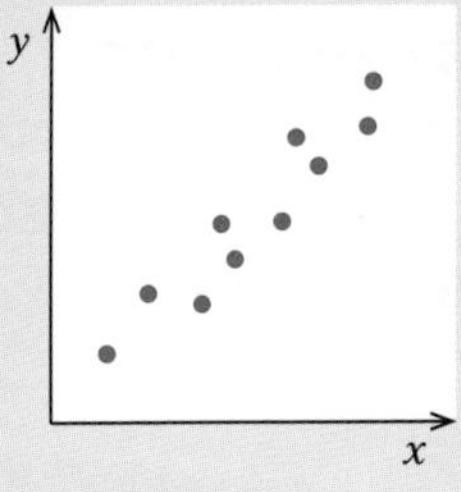

散布図は
対になったデータ (x,y) の関係を表す
例：要因を x として横軸に、結果を y として縦軸にとる

散布図の見方

点の散らばり方から相関関係の有無を確認します。

図Aのように、x の値が増えると y の値も増える右肩上がりの場合、正の相関があるといい、図Bのように x の値が増えると y の値が減る右肩下がりの場合、負の相関があるといいます。また、図Cのように点の散らばり方に規則性がなく、x が変化しても y には影響がない場合、相関がないといいます。

覚える！

《 散布図の見方 》

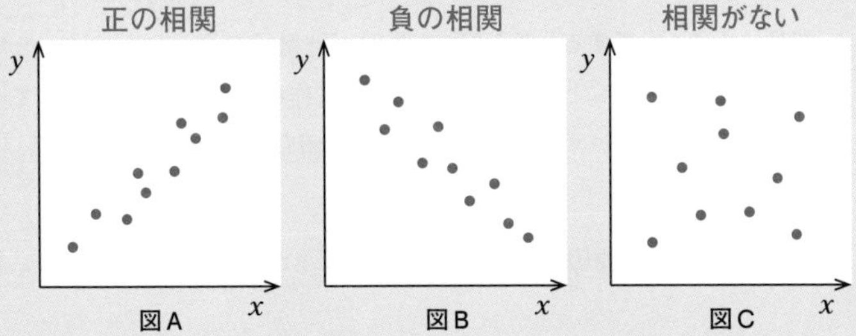

図A　　図B　　図C

散布図の見方

図A：xの値が増えるとyの値が増える右肩上がり→正の相関

図B：xの値が増えるとyの値が減る右肩下がり→負の相関

図C：点の散らばり方に規則性がなく、xが変化してもyには影響がない→相関がない

参考　たとえば、気温が上がるとビールの消費量が増す場合、気温とビールの消費量の間には正の相関があります。相関がない場合とは、たとえば、気温が上がっても米の消費量には影響しないので、気温と米の消費量の間には相関がないといえます。

相関が強いほど、散布図における点の並び方は直線に近くなります。図D、図Eはどちらも正の相関がありそうですが、より直線に近い図Dの方が強い相関があるといえます。

また、図Fのように点が曲線的に並んでいる場合は、曲線的な関係があるといいます。

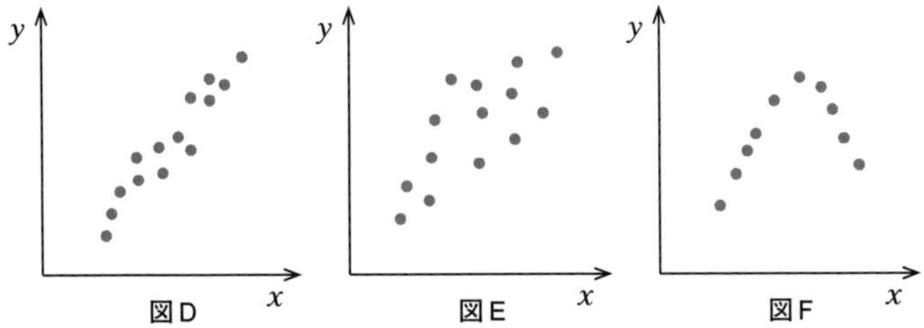

図D　　図E　　図F

xとyの相関が強ければ、xのばらつきを小さくするほどyのばらつきも小さくなります。逆に、相関が弱いと、xのばらつきを小さく

しても、yのばらつきはあまり影響を受けません。

例題 3-5-1

特性に大きく影響すると考えられる要因が計量値の場合は、(1)を横軸xに、(2)を縦軸yにとり、データを打点して作られる散布図を活用して(3)を調べる。たとえば、xの値が増えるとyの値も増える(4)の場合、(5)の相関があるという。

【選択肢】特性　要因　分散　相関　右肩上がり　右肩下がり　正　負

【解答】（1）要因　（2）特性　（3）相関　（4）右肩上がり　（5）正

散布図は一般的に計量値のデータの相関関係を調べるために用います。

xの値が増えるとyの値も増える関係の場合、点の並び方は右肩上がりになり、正の相関があるといいます。また、相関が強いほど点の並び方は直線に近くなります。

相関係数と散布図はセットで覚える

相関関係の有無を確認する指標として、相関係数があります。相関係数については4章で詳しく学習しますが、散布図と相関係数はセットで出題されるものなので、ここにも公式を載せておきます。まだ学習していない範囲ですので、復習のときに役立ててください。

覚える！

《 相関係数の計算方法 》

$$r = \frac{S_{xy}}{\sqrt{S_{xx}S_{yy}}}$$

r：相関係数、S_{xy}：xとyの偏差積和、S_{xx}：xの偏差平方和、S_{yy}：yの偏差平方和

相関係数の性質についてはここで覚えておきましょう。相関係数が＋1に近いほど正の相関が強くなり、－1に近いほど負の相関が強くなります。

覚える！

《 相関係数の性質 》

- 相関係数は−1から+1の値をとる。
- +1に近いほど正の相関が強く、−1に近いほど負の相関が強い。0の場合は相関なしを表す。

例題 3-5-2

電流値と溶接強度の関係を調べた結果、電流値が上がると溶接強度も上がることがわかった。相関係数を求めたところ、r = (1) であった。

【選択肢】−0.9　0.6　1.7

【解答】（1）0.6

電流値が上がると溶接強度も上がる場合、正の相関があるといえます。相関係数は−1から+1の値をとります。+1より大きい値や−1より小さい値になることはありません。そのため、1.7は不適切です。また、相関係数が正（+）の場合は正の相関を表し、負（−）の場合は負の相関を表します。よって、選択肢の中で正の相関を表す相関係数として適切なものは0.6です。

散布図を見るときの注意点

散布図を見るときには、外れ値はないか、層別※1の必要はないかなどを考えます。

※1 データの特徴や共通点に注目してグループ分けすること。

参考

外れ値とは、他の値から大きく外れた値のことです。散布図上で、点の集まりから外れた位置にぽつんと点がある場合、その点のデータは外れ値だと考えます。外れ値があると、相関係数が影響を受けて、相関を確認する指標として使えなくなってしまいます。外れ値がある場合、原因がわかればそのデータを除いて散布図を見ますが、原因がわからなければ、通常は外れ値のデータを含めて散布図を見ます。

参考

相関がなさそうに見えても層別をすると相関があることがわかる場合や、逆の場合もあるので注意しましょう。下図の例では、層別前の散布図は相関がないように見えますが、層別をすると相関があることがわかります。

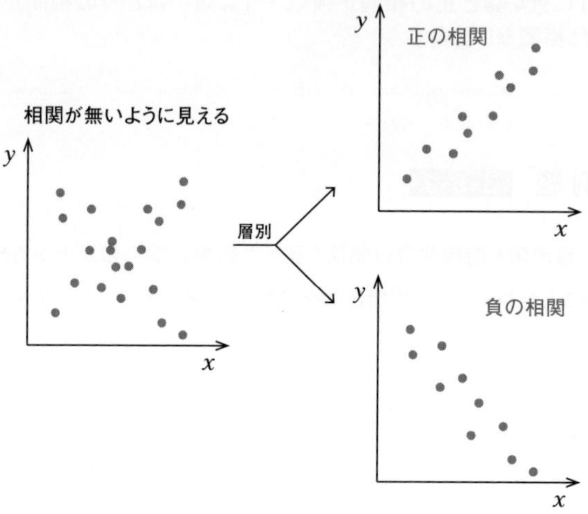

散布図を用いた解析の目的

散布図を用いた解析は、特性のばらつきに影響している要因を調べることや、本来の特性の測定が現実的に難しい場合に代用特性※2を探すことなどを目的として行います。

※2 代用特性とは、品質特性を直接測定することが難しい場合に、代わりに用いる特性のことです。

参考

特性と要因の関係性が複雑な場合には、計量的要因※3の場合は散布図、計数的要因※4の場合は層別を用いることがあります。また、新QC七つ道具の連関図法※5などを用いることもあります。

※3 計量的要因：長さや重さなどのような、連続した値をとる要因。
※4 計数的要因：不適合品数や人数などのような、1つ、2つと数え上げる要因。
※5 新QC七つ道具は7章で学習します。

散布図の作成手順

散布図の範囲で重要なのは散布図の見方ですが、作成手順も出題されることがあります。

参考

散布図の作成手順

1. 組になったデータを集める

x	2	2	1	5	3	4	4
y	2	3	1	6	3	5	4

2. 2種類のデータ間に要因と結果の関係があるなら、要因をxとして横軸に、結果をyとして縦軸にとる
3. 点を記入する

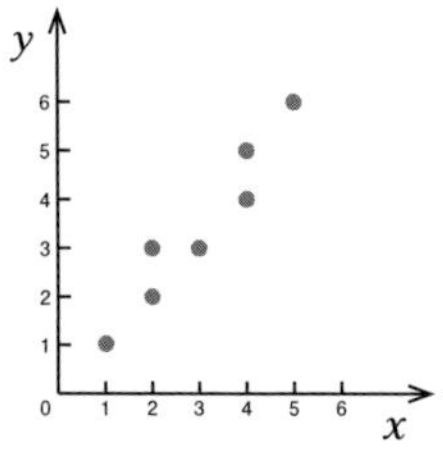

6 チェックシート

毎回平均 3.7/100点

チェックシートは記録のために用いる

チェックシートは工程の製品の品質特性※1のデータを収集し、どの不適合項目がどのくらい発生しているかを記録するために用いる手法です。JIS Q9024では「計数データを収集する際に、分類項目のどこに集中しているかを見やすくした表又は図」と説明されています。

※1 品質を評価する指標のこと。

チェックシートは、データを簡単に取れ、取ったデータを整理しやすく、項目を漏れなく合理的にチェックしやすいことなどを考えて設計します。また、データの履歴がわかるように、5W1H※2を含む項目を記載する欄を作ることが大切です。

※2 5W1H：だれが、いつ、どこで、なにを、なぜ、どのように、を表す。

参考 チェックシートに限らず、データを取る際にはデータの履歴がわかるようにしておくことが大切です。

参考 品質管理を進める上で、事実を把握することが重要ですが、忙しい職場ではデータを取ることに時間をかけにくいのが現実です。作業をしながらデータを取ることを考えると、目的に合ったデータを簡単にとることができ、取ったデータを整理しやすいチェックシートを作成することが重要になります。

チェックシートの名前と特徴を覚える

試験では、チェックシートから情報を読み取る問題や、使用用途に適したチェックシートの名前を選ぶ問題がよく出題されます。

チェックシートには大きく分けて２つの種類があります。不適合がどこにどれくらい発生しているかを調べるものを記録用チェックシートといい、あらかじめ決めた点検項目に従って点検、確認するものを点検用チェックシートといいます。

1. 記録用チェックシート

覚える！

《 不適合項目（不適合内容）調査用チェックシート 》

項目	チェック	合計
キズ	｜｜｜	3
ズレ	卌	5
欠け	｜	1

不適合項目調査用チェックシート
どのような不適合項目がどれくらい発生しているのか、現象自体を調べるために用いる。不適合が発生するたびに該当する項目にチェックマークを記入する。

覚える！

《 不適合要因調査用チェックシート 》

機械	作業者	月	火	水	木	金	合計
X	A	○△	○○	○○○	○△		9
	B	△		△△	△		4
Y	C	○○○○○	○○	○△	○○○	○○	14
	D	○○○○	○○△△	○△	○○○○	○○○	17

不適合要因調査用チェックシート
不適合が、どのような要因により発生しているかを調べるために用いる。作業者別、機械別、材料別などにデータを層別してチェックマークを記入する。

覚える！

《 不適合位置調査用チェックシート 》

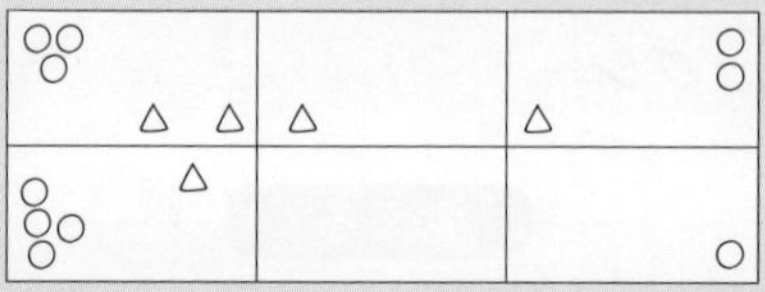

不適合位置調査用チェックシート

不適合が、製品のどの場所に発生しているかを調べるために用いる。不適合が特定の周期や部位で発生しているのかを見える形にすることで、問題箇所の特定をする。

覚える！

《 度数分布調査用チェックシート 》

No.	区間	チェック	度数
1	8.35～14.15	|||	3
2	14.15～19.95	卌 |	6
3	19.95～25.75	卌 卌 卌 ||	17
4	25.75～31.55	卌	5
5	31.55～37.35	|||	3
6	37.35～43.15	||	2

度数分布調査用チェックシート

特性のばらつきがどのように分布しているかを調査するために用いる。あらかじめ値の区間を分けておき、データが得られるたびにチェックマークを記入する。

ヒストグラムを作るための度数分布調査などで使用する。

2. 点検用チェックシート

覚える！

《 点検・確認用チェックシート 》

点検内容	4/1	4/2	4/3	4/4	4/5
オイル漏れはないか	✓	✓	✓		
バッテリーは正常か	✓	✓	△		
チェーンの張りは適切か	✓	✓	✓		

点検・確認用チェックシート

現場での設備点検などに用いられ、作業標準どおりに進められているかなどについて、作業の流れに従ってチェックマークを記入する。

例題 3-6-1

不適合品数が最も多かった曜日は (1) 曜日で、不適合品数が最も少なかった機械は (2) である。

機械	作業者	月	火	水	木	金	合計
X	A	○△	○○	○○○	○△		9
	B	△		△△	△		4
Y	C	○○○○○	○○	○△	○○○	○○	14
	D	○○○○	○○△△	○△	○○○○	○○○	17

【選択肢】月　火　水　木　金　A　B　C　D　X　Y

【解答】 (1) 月　(2) X

試験ではチェックシートから情報を読み取る問題も出題されます。問われている項目（曜日や機械）ごとにチェックマークを数えて答えます。

7 グラフ

毎回平均 2.3/100点

グラフはデータの傾向や全体像をわかりやすく表現する

グラフは、数値データの傾向や全体像を把握するために作成する図です。JIS Q9024では「データの大きさを図表で表し、視覚に訴えたり、データの大きさの変化を示したりして理解しやすくした図」と説明されています。

グラフには折れ線グラフや円グラフなどの種類があります。データからどんな情報を知りたいのか（目的）によってグラフを使い分け、得られる情報をもとに改善へのきっかけが作られます。

目的によって最適なグラフを使い分ける

グラフの名称について問われることは少ないですが、どのような場合にどのグラフを用いるのが適しているかを選択する問題が出題されることがあります。

覚える！

《 折れ線グラフ 》

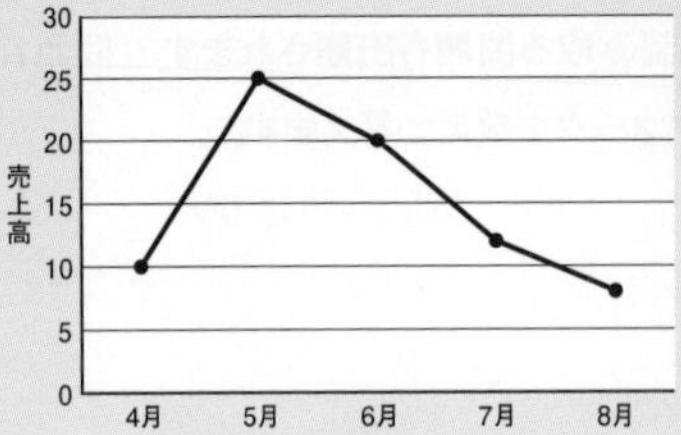

折れ線グラフ
時間の変化による連続的な変化や傾向を知るのに適している。時間の変化に伴って数量が変化する場合などに用いる。

覚える！

《 棒グラフ 》

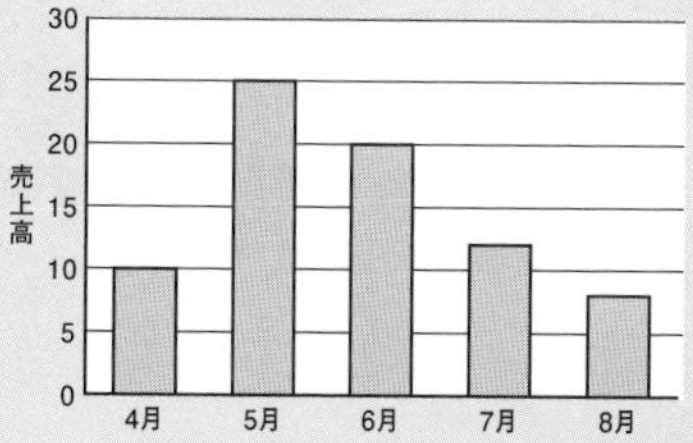

棒グラフ
数量の大小を比較するのに適している。縦軸の目盛が不適切だと、差の大きさがわかりにくく棒が同じような長さになってしまうため、棒の長さで数量の大きさが直感的にわかるように調整する。

覚える！

《 円グラフ 》

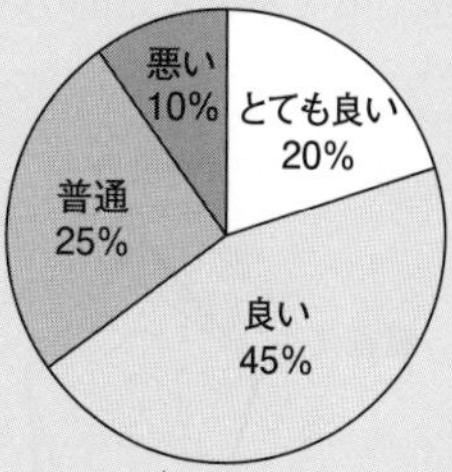

円グラフ
データの内訳の割合を表すのに適している。円の面積で割合を表す。

覚える！

《 ガントチャート 》

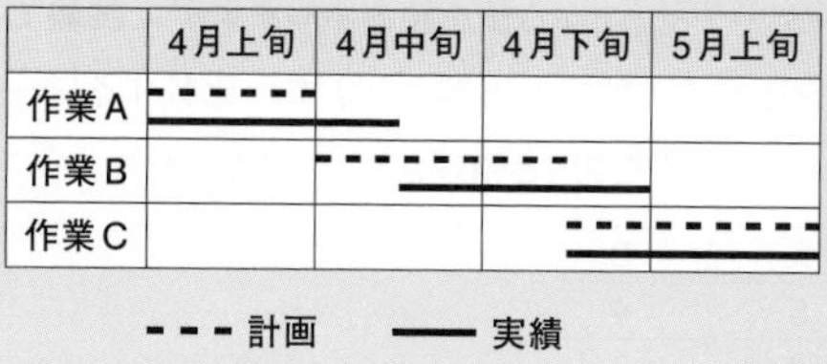

ガントチャート
活動の進捗を管理するのに適している。計画や実績を棒線で表示し、時間の経過を見える形にする。

覚える!

《 レーダーチャート 》

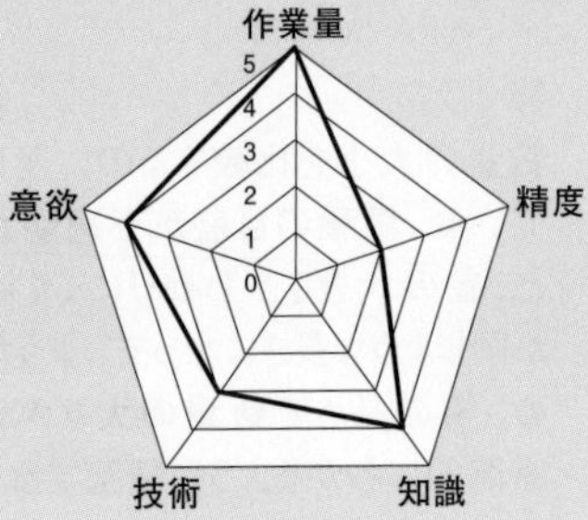

レーダーチャート

複数の評価項目の点数評価を表すのに適している。

例題 3-7-1

5つの評価項目について、Aさんと B さんに5点満点で点数をつけた。点数の合計が高いのは (1) さんである。また、B さんが A さんの点数を上回っている項目は (2) 項目ある。

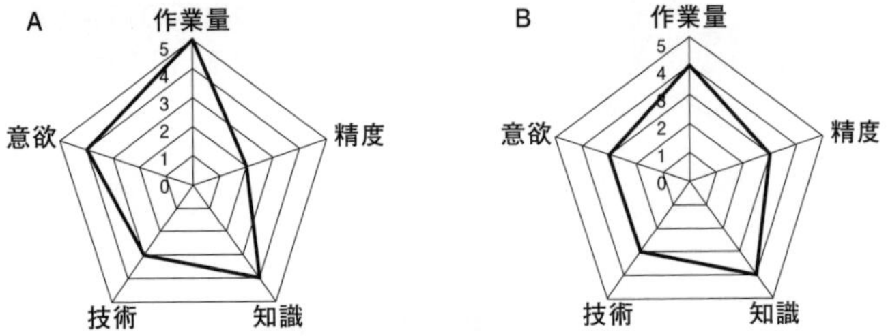

【選択肢】A、B、1、2、3、4、5

【解 答】 (1) A (2) 1

この例題では2つのレーダーチャートから値を読み取りますが、試験では4つ以上のレーダーチャートを比較する問題も出題されます。比較するレーダーチャートが多い場合、以下のような表を書くと整理がしやすくなります。

評価項目	A	B
作業量	5	4
精度	2	3
知識	4	4
技術	3	3
意欲	4	3
合計	18	17

→ レーダーチャートの数だけ列を増やしていく

CHAPTER

3 重要ポイントのまとめ

POINT

1 層別

❶層別は、母集団を分類する考え方。

❷データを取る前にデータの性質や履歴を明らかにしておく。

❸全体として見れば関係がありそうでも層別をすると関係がない場合や、逆の場合もあるため注意する。

2 パレート図

❶パレート図は、取り組むべき問題や課題の優先順位を明らかにするために用いる手法。

❷パレート図は重点指向の考え方に基づく。重点指向とは、結果への影響の大きいものから取り組んでいく考え方。

❸不適合項目の件数を棒グラフで表し、さらに累積百分率を折れ線グラフで表す。

❹パレート図の横軸には、左側から順に件数の多い不適合項目を記入する。ただし、「その他」は必ず一番右に配置する。

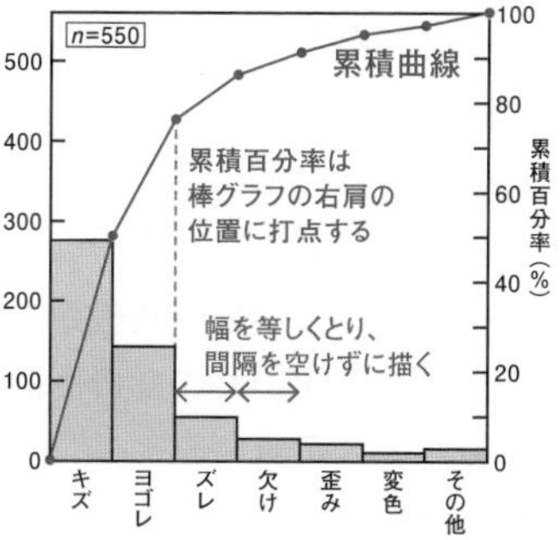

❺パレート図の縦軸を（件数ではなく）金額にした方が問題の重要性を明らかにできる場合がある。

❻上位項目が際立っており、それ以外の項目の件数が少ないパレート図は、効果的な改善が期待できる。

3 特性要因図

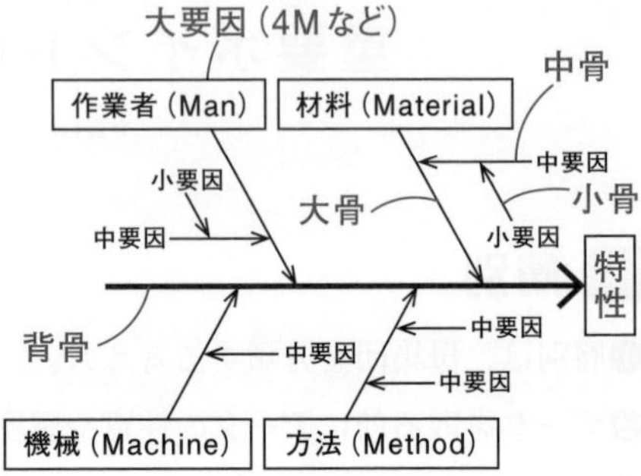

❶特性要因図は、仕事の結果である特性と、それを引き起こす要因との関係を、矢印を使って魚の骨のように表した図。工程解析などに用いる。

❷要因を探すときは関係者全員で自由に意見を出し合うブレーンストーミングの方法を用いる。出された要因は4M（人・機械・材料・方法）で整理する。

❸特性は右側に書く。特性に向かって左から水平に引いた太い矢印を背骨と呼び、大きな要因から背骨に向けて引いた矢印を大骨と呼ぶ。要因は大骨からさらに中骨、小骨、孫骨と展開していく。

4 ヒストグラム

❶ヒストグラムは、データのばらつきや分布の様子を見える形にするために用いる手法。

❷ヒストグラムの形には、一般型、二山型、離れ小島型、絶壁型、歯抜け型、高原型などがある。

❸ヒストグラムは度数分布表から作成する。度数分布表は、測定値の存在する範囲をいくつかの区間に分けて、各区間に入る測定値の出現度数を数えた表。

①区間の数 $= \sqrt{\text{データの数}}$

②区間の幅 $= \dfrac{\text{最大値} - \text{最小値}}{\text{区間の数}}$

③最初の区間の

下側境界値 $= \text{最小値} - \dfrac{\text{測定単位}}{2}$

上側境界値 $= \text{下側境界値} + \text{区間の幅}$

中心値 $= \dfrac{\text{上側境界値} + \text{下側境界値}}{2}$

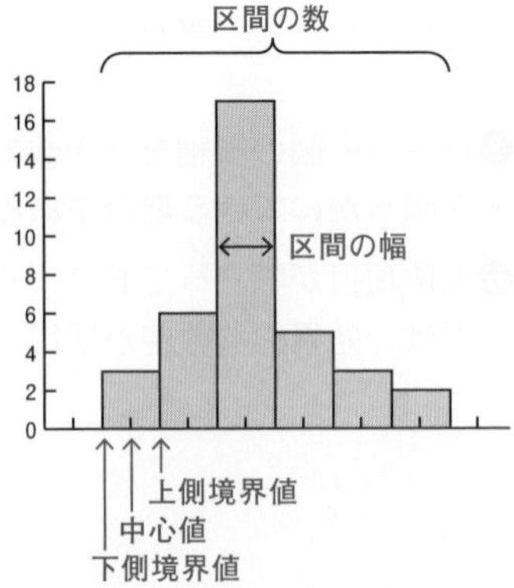

5 散布図

❶散布図は、対になったデータ（x,y）の関係を表すためのグラフ。

❷xの値が増えるとyの値も増える右肩上がりの場合、正の相関があるといい、xの値が増えるとyの値が減る右肩下がりの場合、負の相関があるという。点の散らばり方に規則性がない場合、相関がないという。

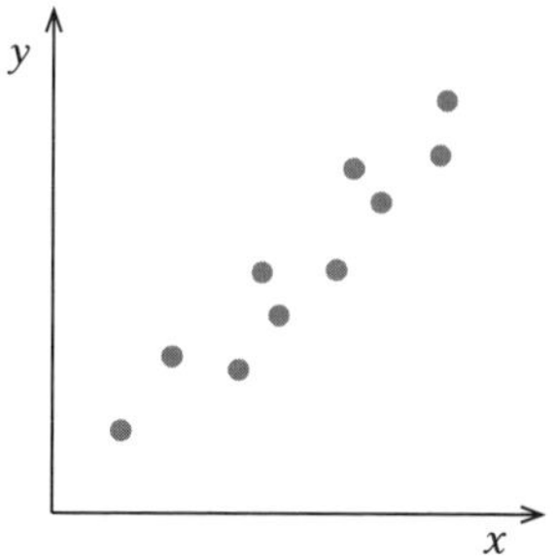

❸相関が強いほど、散布図における点の並び方は直線に近くなる。

❹相関係数は相関関係の有無を表す指標で、+1から−1の値をとる。相関係数が+1に近いほど正の相関が強く、−1に近いほど負の相関が強い。0の場合は相関無しを表す。

6 チェックシート

❶チェックシートは、データを収集し、記録するために用いる手法。

❷データの履歴がわかるように、5W1Hを含む項目を記載する欄を作る。

項目	チェック	合計
キズ	///	3
ズレ	卌	5
欠け	/	1

❸記録用チェックシートは不適合がどこにどれくらい発生しているかを調べるために用いる。点検用チェックシートはあらかじめ決めた点検項目に従って点検、確認するために用いる。

❹記録用チェックシートには、不適合項目調査用、不適合要因調査用、不適合位置調査用、度数分布調査用などがある。

7 グラフ

❶グラフは、数値データの傾向や全体像を把握するために作成する図で、折れ線グラフ、棒グラフ、円グラフ、ガントチャート、レーダーチャートなどがある。

問題 1 QC 七つ道具

QC 七つ道具について、それぞれの手法に対応する説明を選択肢から選べ。

① 層別 (1)

② パレート図 (2)

③ 特性要因図 (3)

④ ヒストグラム (4)

⑤ 散布図 (5)

⑥ チェックシート (6)

⑦ グラフ (7)

【 (1) ～ (7) の選択肢】

ア. データを収集し、記録するために用いる手法。

イ. 仕事の結果である特性と、それを引き起こす要因との関係を、矢印を使って魚の骨のように表した図。

ウ. 母集団を分類する考え方。

エ. 数値データの傾向や全体像を把握するために作成する図。

オ. 横軸にデータの区間、縦軸に度数をとって、データのばらつきや分布の様子を見える形にするために用いる手法。

カ. 重点指向の考え方に基づき、取り組むべき課題の優先順位を明らかにするために用いる手法。

キ. 対になったデータ（x,y）の相関関係を表すためのグラフ。

(1)	(2)	(3)	(4)	(5)	(6)	(7)

問題 2 パレート図

［　　］内に入る最も適切なものを選択肢から選べ。

表1　チェックシート

	キズ	欠け	ズレ	歪み	その他
月曜日	卌	//	/	卌	///
火曜日	////	////		卌	//
水曜日	卌 //	//	//	//	/
木曜日	卌 /	//	//	卌 ///	/
金曜日	卌	/	/	///	/

表2　補助表

No.	不適合項目	不適合数	累積度数	不適合数百分率（%）	累積度数百分率（%）
1					
2		（2）			
3			（3）	（4）	
4					（5）
5	（1）				
	合計	75		100.0	

表1と表2に基づいてパレート図を作成する。不適合数の大きい順に棒グラフを並べ、棒と棒の間は［（6）］ようにする。累積度数百分率は各棒グラフの［（7）］肩の位置に打点して実線で結ぶ。

パレート図を作成後、［（8）］の考え方に基づき重要度の高いものから改善を行なった。改善後のデータが表3のように得られたとき、改善によって不適合数は約［（9）］%減少した。

表3　改善後のデータ

不適合項目	キズ	欠け	ズレ	歪み	その他	合計
不適合品数	20	12	6	14	8	60

【［（1）］～［（9）］の選択肢】

ア．欠け　　イ．その他　　ウ．11　　エ．23　　オ．61
カ．14.7　　キ．20.0　　ク．30.7　　ケ．89.3　　コ．空ける
サ．空けない　　シ．左　　ス．右　　セ．重点指向　　ソ．層別

（1）	（2）	（3）	（4）	（5）	（6）	（7）	（8）	（9）

問題3 特性要因図

［　　］内に入る最も適切なものを選択肢から選べ。

①特性要因図は次の手順で作成する。

手順1：［(1)］　手順2：［(2)］　手順3：［(3)］　手順4：［(4)］　手順5：［(5)］

②特性要因図作成の注意点として誤っている選択肢は［(6)］である。

【［(1)］～［(5)］の選択肢】

ア．特性として問題を取り上げる。

イ．過去のデータなどの客観的事実から各要因の影響度の重みづけをして、影響度の大きな要因をマルで囲む。

ウ．出された要因を4Mなどで整理する。

エ．特性に影響を与えると思われる要因について、複数名でブレーンストーミングを行い意見を出し合う。

オ．大別された要因を大骨として要因間の関係を組み立て、さらに中骨・小骨と展開していく。

【［(6)］の選択肢】

ア．特性要因図に挙げられた要因はあくまでも仮説であるため、データに基づいた検証が必要である。

イ．特性には問題だけでなく目的も取り上げる。

ウ．要因は大骨から小骨まで、徐々に具体的になっていくように整理する。

エ．ブレーンストーミングでは他人の意見を批判せず、自由に多くの意見を出し合う。

(1)	(2)	(3)	(4)	(5)	(6)

問題 4 ヒストグラム

各説明に対応するヒストグラムとその名称を選択肢から選べ。

①不適合品が発生していたので取り除いてからヒストグラムを作成した。

名称 (1)　　ヒストグラム (5)

②製品の長さを 2mm 単位で測定したが、度数分布表では区間の幅を 3mm 単位で集計していた。

名称 (2)　　ヒストグラム (6)

③機械 A と機械 B で加工した製品が混在しており、機械によって出来上がりの製品の長さの平均値に差があった。

名称 (3)　　ヒストグラム (7)

④性質の異なる他の工程のデータが少数混じっており、不適合品が発生している。

名称 (4)　　ヒストグラム (8)

【(1)～(4) の選択肢】

ア．二山型　　イ．離れ小島型　　ウ．歯抜け型　　エ．絶壁型

【(5)～(8) の選択肢】

ア．

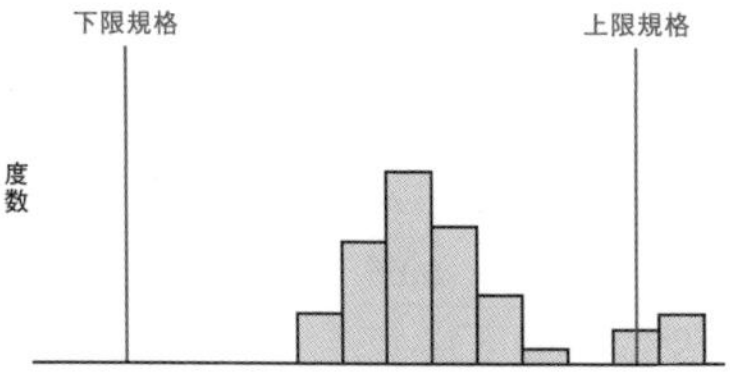

イ．

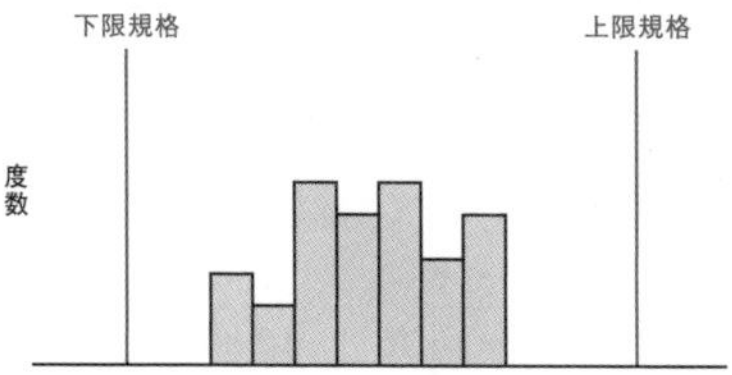

ウ．

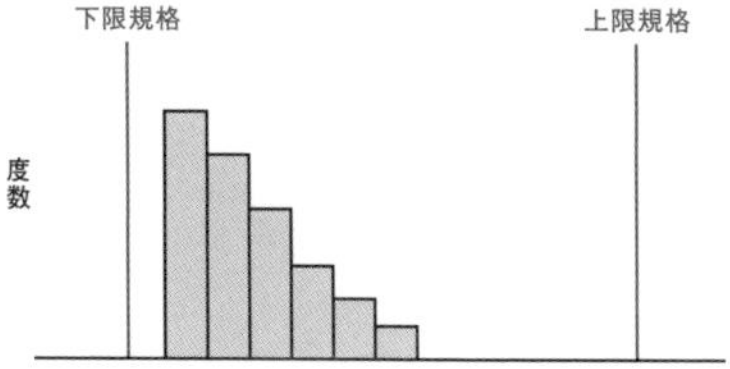

エ．

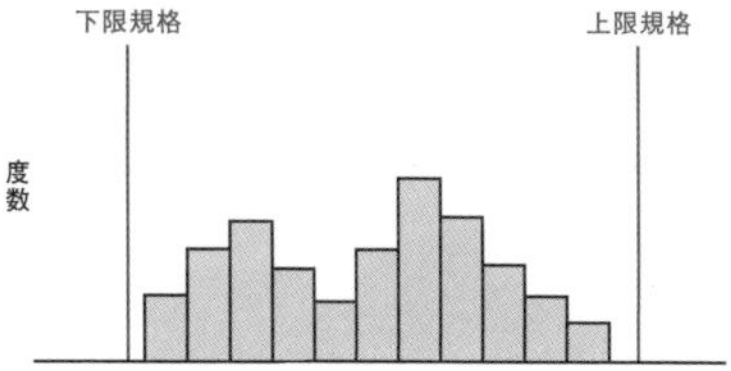

(1)	(2)	(3)	(4)	(5)	(6)	(7)	(8)

問題 5 度数分布表

［　　］内に入る最も適切なものを選択肢から選べ。

ある製品について、無作為にサンプルを抽出して長さを測定し、表 1 のデータを得た。なお、データは小さい順に並べてある。このデータの度数表として最も適切なものは［(1)］である。

表1 データ

4.2	5.6	8.0	10.2	10.4
10.6	12.4	13.1	13.5	13.9
14.2	14.4	15.2	15.8	16.3
16.9	17.3	17.7	18.9	19.2
21.0	21.8	22.6	24.9	26.5

【［(1)］の選択肢】

ア.

No.	区間	中心値	度数
1	4.15～ 8.65	6.40	3
2	8.65～13.15	10.90	5
3	13.15～17.65	15.40	9
4	17.65～22.15	19.90	5
5	22.15～26.65	24.40	3

イ.

No.	区間	中心値	度数
1	4.15～ 8.65	6.40	1
2	8.65～13.15	10.90	5
3	13.15～17.65	15.40	5
4	17.65～22.15	19.90	9
5	22.15～26.65	24.40	5

ウ.

No.	区間	中心値	度数
1	4.15～ 8.65	6.40	2
2	8.65～13.15	10.90	6
3	13.15～17.65	15.40	7
4	17.65～22.15	19.90	7
5	22.15～26.65	24.40	3

エ.

No.	区間	中心値	度数
1	4.15～ 8.65	6.40	3
2	8.65～13.15	10.90	6
3	13.15～17.65	15.40	9
4	17.65～22.15	19.90	6
5	22.15～26.65	24.40	1

(1)

問題6 散布図

[　　] 内に入る最も適切なものを選択肢から選べ。

散布図は、対になった計量値のデータ x,y の [(1)] 関係を表すためのグラフである。横軸 x に [(2)] を、縦軸 y に [(3)] をとってデータを打点し、点の散らばり方から [(1)] の有無を確認する。図1のように x の値が増えると y の値も増える右肩上がりの場合、[(4)] があるといい、図2のように右肩下がりの場合、[(5)] があるという。また、図3のように x が変化しても y には影響がない場合、[(6)] という。[(1)] が強いほど点の並び方は [(7)] になる。

[(1)] の有無を確認する指標として [(8)] があり、[(9)] の値をとる。

散布図を見るときは、外れ値がないか、[(10)] の必要はないかを考える。

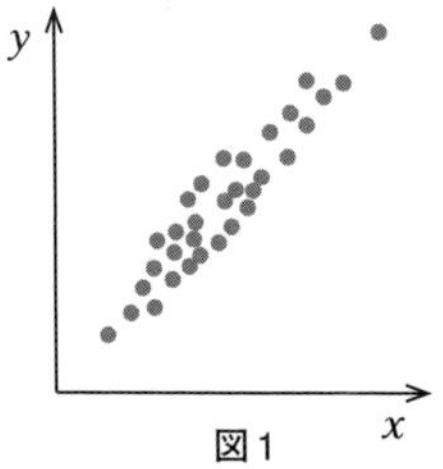

図1

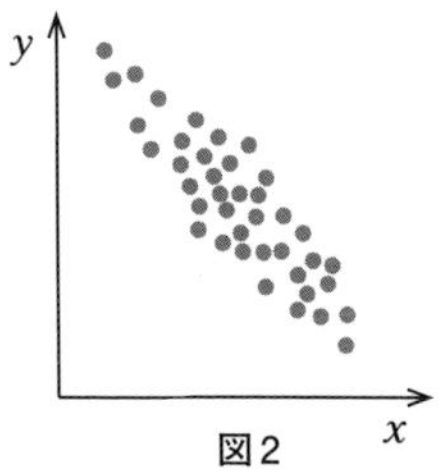

図2

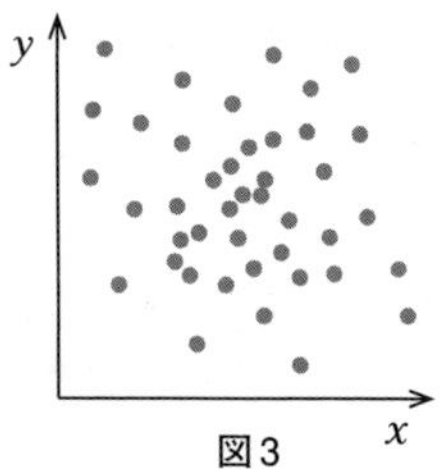

図3

【[(1)] ～ [(10)] の選択肢】

ア．分散　イ．相関　ウ．相関係数　エ．結果　オ．要因
カ．層別　キ．標準化　ク．正の相関　ケ．負の相関　コ．相関がない
サ．曲線的　シ．直線的　ス．−1から+1　セ．0から+1

(1)	(2)	(3)	(4)	(5)	(6)	(7)	(8)	(9)

(10)

問題7 チェックシート

[　　]内に入る最も適切なものを選択肢から選べ。

チェックシートは記録として残すため、データの[(1)]がわかるように[(2)]を含む項目を記載する欄を作ることが大切である。

チェックシートにはいろいろな様式があるが、表1のようなチェックシートは[(3)]と呼ばれている。このチェックシートは、不適合項目の要因を作業者別、機械別、材料別、作業方法別、時間別などに[(4)]してチェックマークを記入する。表1のチェックシートにおいて、この5日間で不適合数がもっとも多かった不適合項目は[(5)]で、もっとも少なかった不適合項目は[(6)]である。

表1　チェックシート

月日	機械	不適合項目				合計
		キズ	欠け	ズレ	歪み	
2月1日	機械A	卌	||	|	卌	13
	機械B	||	卌	||	|||	12
2月2日	機械A	||||	|||		卌	12
	機械B	||	|||	|	||||	
2月3日	機械A	卌 ||	||	||	||	
	機械B	|	||||	||	|||	
2月4日	機械A	卌 |	||	||	卌 |||	
	機械B		卌	|	||	
2月5日	機械A	卌	||	|	|||	
	機械B	||	|	|	|||	
合計						

【[(1)]～[(6)]の選択肢】

ア．かたより　　イ．履歴　　ウ．5S　　エ．5W1H　　オ．層別　　カ．相関

キ．不適合項目調査用チェックシート　　ク．不適合要因調査用チェックシート

ケ．キズ　　コ．欠け　　サ．ズレ　　シ．歪み

(1)	(2)	(3)	(4)	(5)	(6)

問題 8 チェックシートの用途

各説明の用途に最適なチェックシートとその名称を選択肢から選べ。

①不適合の発生箇所のクセを知る。

名称 (1) チェックシート　　チェックシート (6)

②寸法のばらつきがどのように分布しているかを知る。

名称 (2) チェックシート　　チェックシート (7)

③どのような不適合がどれくらい発生しているか現象を知る。

名称 (3) チェックシート　　チェックシート (8)

④不適合がどのような要因によって発生しているかを知る。

名称 (4) チェックシート　　チェックシート (9)

⑤作業標準どおりに製造が進められているかを管理する。

名称 (5) チェックシート　　チェックシート (10)

【 (1) ～ (5) の選択肢】

ア．不適合項目調査用　　イ．不適合要因調査用　　ウ．不適合位置調査用

エ．度数分布調査用　　オ．点検・確認用

【 (6) ～ (10) の選択肢】

ア．

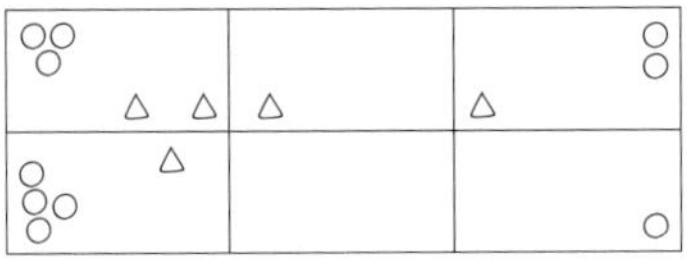

イ．

No.	区間	チェック	度数
1	8.35～14.15	///	3
2	14.15～19.95	卌 /	6
3	19.95～25.75	卌 卌 卌 //	17
4	25.75～31.55	卌	5
5	31.55～37.35	///	3
6	37.35～43.15	//	2

ウ．

機械	作業者	月	火	水	木	金	合計
X	A	○△	○○	○○○	○△		9
	B	△		△△	△		4
Y	C	○○○○○	○○	○△	○○○	○○	14
	D	○○○○	○○△△	○△	○○○○	○○○	17

エ．

項目	チェック	合計
キズ	///	3
ズレ	卌	5
欠け	/	1

オ．

点検内容	4/1	4/2	4/3	4/4	4/5
オイル漏れはないか	✓	✓	✓		
バッテリーは正常か	✓	✓	△		
チェーンの張りは適切か	✓	✓	✓		

(1)	(2)	(3)	(4)	(5)

(6)	(7)	(8)	(9)	(10)

問題 9 グラフ

[ ] 内に入る最も適切なものを選択肢から選べ。

①1年間のデータをもとに、売上高の [(1)] をグラフ化して、傾向を見る。この用途に最適なグラフは [(2)] である。

②地域別の売上高を集計して、棒の [(3)] でどの地域の売上高が大きいのかを把握する。この用途に最適なグラフは [(4)] である。

③活動の [(5)] を棒線で表し、進捗を管理する。この用途に最適なグラフは [(6)] である。

④複数の [(7)] に点数をつけ、大きさやバランスを見る。この用途に最適なグラフは [(8)] である。

⑤1年間のデータをもとに、各製品が売上高に占める割合を [(9)] で表す。この用途に最適なグラフは [(10)] である。

【 [(1)] ～ [(10)] の選択肢】

ア．円の面積　イ．長さ　ウ．時系列変化　エ．計画と実績　オ．評価項目
カ．折れ線グラフ　キ．棒グラフ　ク．円グラフ　ケ．レーダーチャート
コ．ガントチャート

(1)	(2)	(3)	(4)	(5)	(6)	(7)	(8)	(9)

(10)

予想問題 解答解説

問題 1 QC 七つ道具

【解 答】 (1) ウ (2) カ (3) イ (4) オ (5) キ (6) ア (7) エ

POINT

重点指向は、問題解決に取り組むときに、結果への影響の大きいものから取り組んでいく考え方です。

試験では、説明に対応する手法の名前を選ぶ問題や、説明の一部が空欄になっている問題などが出題されます。空欄になりやすいワードは、選択肢イでは「特性」「要因」、選択肢オでは「データの区間」「度数」、選択肢カでは「重点指向」、選択肢キでは「対になった」「相関関係」などです。

問題 2 パレート図

【解 答】 (1) イ (2) エ (3) オ (4) カ (5) ケ (6) サ (7) ス (8) セ (9) キ

【解き方】

まず、表 1 のチェックシートの月曜日から金曜日までのデータを不適合項目ごとに集計します。

不適合項目	キズ	欠け	ズレ	歪み	その他	合計
不適合数	27	11	6	23	8	75

チェックシートのデータをもとに表 2 の補助表を作成します。不適合数の多い順に不適合項目を並べ、補助表の不適合項目の一番下（パレート図だと一番右）には「その他」を書きます。

なお、累積度数は不適合数を順番に足し上げた数のことです。「百分率」とは比率のことです。不適合数百分率は「不適合数の比率」、累積度数百分率は「累積度数の比率」と考えてください。

不適合数百分率＝不適合数÷不適合数の合計

No.3 の欠けの場合：不適合数 11 ÷ 不適合数の合計 75 ≒ 約 14.7%

累積度数百分率＝累積度数÷不適合数の合計

No.4 のズレの場合：累積度数 67 ÷ 不適合数の合計 75 ≒ 約 89.3%

No.	不適合項目	不適合数	累積度数	不適合数 百分率（%）	累積度数 百分率（%）
1	キズ	27	27	36.0	36.0
2	歪み	23	50	30.7	66.7
3	欠け	11	61	14.7	81.3
4	ズレ	6	67	8.0	89.3
5	その他	8	75	10.7	100.0
	合計	75		100.0	

改善によって減少した不適合数の割合は、改善によって減少した不適合数の合計÷改善前の不適合数の合計で計算します。これを改善効果と呼ぶことがあります。

$$改善効果 = \frac{(改善前の合計\ 75 - 改善後の合計\ 60)}{改善前の合計\ 75} = 20.0\%$$

POINT

改善効果は、改善されなかった項目も含めて、不適合数の合計で計算します。

なお、この問題では No.4 のズレの「累積度数百分率」を求めました。もし「累積百分率」だった場合は、テキスト本文で学んだように比率を順番に足し上げて（No.1~4 の比率を足し上げて）計算します。

36.0%＋30.7%＋14.7%＋8.0%＝約 89.4%

この問題のような、補助表の穴埋め問題はよく出題されます。各項目の計算方法もよく復習しておきましょう。

パレート図で最も重要なキーワードは「重点指向」です。また、パレート図作成においてよく出題されるポイントは、「その他を右端に書くこと」「棒と棒の間は空けないこと」「棒グラフは右肩下がり（右端のその他を除く）」「折れ線グラフは右肩上がりで最終的に 100%」などです。

問題 3 特性要因図

【解 答】 (1) ア (2) エ (3) ウ (4) オ (5) イ (6) イ

POINT

特性として目的を取り上げると、原因ではなく対策を考えてしまうことになるので、目的ではなく問題を取り上げるようにします。(6) は「誤っているもの」を選ぶ問題です。試験に向けて、問われているのが「正しいもの」なのか「誤っているもの」なのかを確認する習慣をつけておきましょう。

4Mは人（Man)、機械（Machine)、材料（Material)、方法（Method）のことです。特性要因図以外の範囲でも、この4つが空欄になって問われることもあります。

意見を出したり、影響を考えるときには、データなどの「事実に基づく」ことが大切です。「関係者全員で」「事実に基づいて」は、特性要因図に限らず、品質管理の基本的な考え方なので、押さえておきましょう。

問題 4 ヒストグラム

【解 答】 (1) エ (2) ウ (3) ア (4) イ (5) ウ (6) イ
(7) エ (8) ア

POINT

②では、データを2mm単位で測定し、区間（級）の幅を3mm単位にしているので、区間の幅は測定単位の1.5倍です。歯抜け型は、区間の決め方が適切でない（区間の幅が測定単位の整数倍でない）場合や、測定のやり方にくせがある場合によく現れる型です。

二山型は平均値が異なる2つの分布が混じっているときに現れる型です。3つ以上の分布が混じっているときには高原型が現れることもあります。また、離れ小島型は、性質が異なるデータが一部混じってしまったときに現れます。よく出題されるのは二山型ですが、二山型と高原型、離れ小島型の違いも知っておきましょう。

問題 5 度数分布表

【解 答】　(1) ア

POINT

この問題は各区間に入るデータの個数（度数）を数えるだけで正解を選ぶことができますが、試験では区間の各値や中心値を計算する問題が出題されることもあります。出題のパターンは、例題 3-4-2 のような計算式の穴埋めや、データから実際に値を計算するパターンなどが考えられます。度数分布表の作成方法を覚えておきましょう。

1. 区間の数はデータ数の「平方根」を求めて、その値に近い整数にする。
2. 区間の幅は「範囲」を「区間の数」で割り、「測定単位の整数倍」に丸める。
3. 最初の区間の下側境界値は「最小値」から「測定単位の0.5倍」を引いて求める。
4. 最初の区間の上側境界値は下側境界値に「区間の幅」を足して求める。
5. 中心値は「上側境界値と下側境界値の平均」で求める。

問題 6 散布図

【解 答】　(1) イ　(2) オ　(3) エ　(4) ク　(5) ケ　(6) コ
　　　　　(7) シ　(8) ウ　(9) ス　(10) カ

POINT

散布図は対になった計量値のデータの相関関係を表します。「対になった」は「対応のある」などで表されることがあります。

相関係数は−1 から＋1 の値をとります。＋1 より大きい値や−1 より小さい値になることはありません。また、相関係数が正（＋）の場合は正の相関を表し、負（−）の場合は負の相関を表します。相関係数は外れ値の影響を大きく受けるので、散布図を見て外れ値がないかを確認します。

散布図に限らず、QC 七つ道具を使ってデータの全体像を見るときには、層別（データの分類方法）が適切かを考えるのが大切です。「層別」は他の QC7 つ道具と合わせてよく出題されます。層別によって見える関係性が変わる、ということを覚えておきましょう。

問題 7 チェックシート

【解答】　(1) イ　(2) エ　(3) ク　(4) オ　(5) シ　(6) サ

POINT

「不適合の要因を機械別などに層別」して記録するチェックシートと問われたら「不適合要因調査用チェックシート」と答えられるように覚えておきましょう。なお、不適合の要因は特性要因図などを用いて特定します。

この問題は、不適合数が多い（少ない）不適合項目を選ぶ問題でしたが、不適合数が多い（少ない）「機械」や「月日」を選ぶ問題が出題されることも考えられます。

チェックマークを数える際は、集計ミスをしないように、表に数字を書き込むようにしましょう。

表に書き込むとミスが減ります

月日	機械	不適合項目				合計
		キズ	欠け	ズレ	歪み	
2月1日	機械A	卌 5	|| 2	| 1	卌 5	13
	機械B	|| 2	卌 5	|| 2	||| 3	12
2月2日	機械A	|||| 4	||| 3		卌 5	12
	機械B	|| 2	||| 3	| 1	|||| 4	10
2月3日	機械A	卌 || 7	|| 2	|| 2	|| 2	13
	機械B	| 1	|||| 4	|| 2	||| 3	10
2月4日	機械A	卌 | 6	|| 2	|| 2	卌 ||| 8	18
	機械B		卌 5	| 1	|| 2	8
2月5日	機械A	卌 5	|| 2	| 1	||| 3	11
	機械B	|| 2	| 1	| 1	||| 3	7
合計		34	29	13	38	114

※この問題では行の集計は不要です

問題8 チェックシートの用途

【解 答】　(1) ウ　(2) エ　(3) ア　(4) イ　(5) オ　(6) ア
(7) イ　(8) エ　(9) ウ　(10) オ

POINT

チェックシートの範囲では、この問題のように、具体的な用途が問題文に書かれており、それぞれの用途に適したチェックシートの図と名称を選ぶ問題が出題されることがあります。

不適合項目調査用チェックシートと不適合要因調査用チェックシートは見た目や説明が似ているので注意しましょう。不適合が発生していること自体を知るために、不適合の項目を記録するのが不適合「項目」調査用チェックシートです。そして、どんな理由で不適合が発生しているのか、要因を層別して記録するのが不適合「要因」調査用チェックシートです。

問題9 グラフ

【解 答】　(1) ウ　(2) カ　(3) イ　(4) キ　(5) エ　(6) コ
(7) オ　(8) ケ　(9) ア　(10) ク

POINT

具体的な用途が問題文に書かれており、それぞれの用途に適したグラフの名称を選ぶ問題が出題されることがあります。「時間による変化を見る→折れ線グラフ」「数の大小を見る→棒グラフ」「データの内訳の割合を見る→円グラフ」「活動の進捗を見る→ガントチャート」「複数の評価項目の点数を見る→レーダーチャート」と覚えておけば解答できる問題がほとんどです。

CHAPTER 4

CHAPTER

4

相関係数

相関係数の性質と計算方法が問われます。
計算に必要な式は４つだけなので、
必ず覚えましょう。

★★★　内容を深く理解しているレベル
★★　定義と基本的な考え方を理解しているレベル
★　言葉を知っているレベル

1 相関係数

★★★
P105

出題分析				
毎回平均 2.3/100点	第20回：**0点**	第21回：**2点**	第22回：**0点**	第23回：**2点**
	第24回：**4点**	第25回：**7点**	第26回：**2点**	第27回：**4点**
	第28回：**0点**	第30回：**4点**	第31回：**2点**	第32回：**0点**

散布図とセットで出題されることが多い範囲です。散布図から値を読み取って相関係数を計算する問題が多く出題されます。

1 相関係数

毎回平均 2.3/100点

相関係数は相関関係の有無を確認する指標

相関係数は、相関関係[※1]の有無を確認する指標です。相関係数は散布図とセットで出題されることが多い範囲です。

※1 相関関係：x が増加するとき、y も増加または減少する関係のこと。

覚える！

《 相関係数の計算方法 》

$$r = \frac{S_{xy}}{\sqrt{S_{xx}S_{yy}}}$$

r：相関係数、S_{xy}：xとyの偏差積和、S_{xx}：xの偏差平方和、S_{yy}：yの偏差平方和

試験では、散布図の点（x, y）から x と y の値を読み取り、偏差平方和 S_{xx} と S_{yy}、偏差積和 S_{xy} を自分で求め、相関係数 r を計算するパターンがよく出題されます[※2]。ここからは例を用いて説明します。

※2 偏差平方和とは、各データの値と平均値の差（偏差）を２乗して足し上げたものです。偏差積和とは、複数のデータの偏差どうしを掛けて足し上げたものです。

覚える！

《 偏差平方和と偏差積和の計算方法 》

$$S_{xx} = x^2 \text{ の合計} - \frac{(x\text{の合計})^2}{n}$$

$$S_{yy} = y^2 \text{ の合計} - \frac{(y\text{の合計})^2}{n}$$

$$S_{xy} = (x \times y) \text{ の合計} - \frac{(x\text{の合計}) \times (y\text{の合計})}{n}$$

S_{xx}：xの偏差平方和、S_{yy}：yの偏差平方和、S_{xy}：xとyの偏差積和、n：データ数

1. 散布図から x と y の値を読み取って表を作る

散布図から x と y の値を読み取り、次のような表（計算補助表）を作っておくと計算が楽になります。

点の位置（$x=1$, $y=9$）を表に書き入れ、x^2、y^2、$x \times y$ を計算する

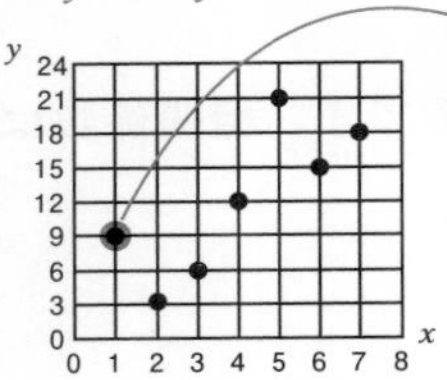

No.	x	y	x^2	y^2	$x \times y$
1	1	9	1	81	9
2	2	3	4	9	6
3	3	6	9	36	18
4	4	12	16	144	48
5	5	21	25	441	105
6	6	15	36	225	90
7	7	18	49	324	126
合計	28	84	140	1260	402

2. 表をもとに偏差平方和 S_{xx} と S_{yy}、偏差積和 S_{xy} を計算する

偏差平方和 S_{xx} と S_{yy}、偏差積和 S_{xy} を計算します。計算補助表を用いて計算すると次のようになります。

$$S_{xx} = 140 - \frac{28^2}{7} = 28$$

$$S_{yy} = 1260 - \frac{84^2}{7} = 252$$

$$S_{xy} = 402 - \frac{28 \times 84}{7} = 66$$

3. 公式に代入して相関係数 r を求める

相関係数を求める公式に 2. で求めた値を代入して、相関係数を計算します。

$$r = \frac{66}{\sqrt{28 \times 252}} \fallingdotseq 0.79$$

覚える!

《 散布図から相関係数を計算する方法 》

①散布図からxとyの値を読み取って表を作る
②表をもとに偏差平方和S_{xx}とS_{yy}、偏差積和S_{xy}を計算する

$$S_{xx}=x^2\text{ の合計}-\frac{(x\text{の合計})^2}{n},\qquad S_{yy}=y^2\text{ の合計}-\frac{(y\text{の合計})^2}{n}$$

$$S_{xy}=(x\times y)\text{ の合計}-\frac{(x\text{の合計})\times(y\text{の合計})}{n}$$

③公式に代入して相関係数rを求める

$$r=\frac{S_{xy}}{\sqrt{S_{xx}S_{yy}}}$$

例題 4-1-1

次の散布図から相関係数 r を求めたところ、$r=$ (1) であった。

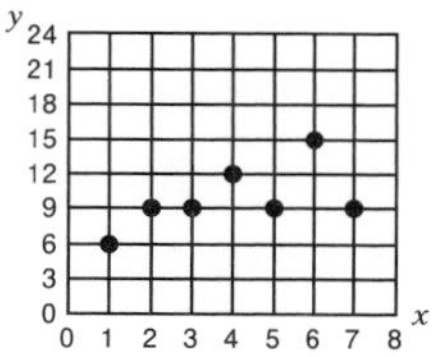

【選択肢】－0.44　0.57　0.82　1.76

【解 答】（1）0.57

まず、グラフから x と y の値を読み取り、表を作ります。

No.	x	y	x^2	y^2	$x\times y$
1	1	6	1	36	6
2	2	9	4	81	18
3	3	9	9	81	27
4	4	12	16	144	48
5	5	9	25	81	45
6	6	15	36	225	90
7	7	9	49	81	63
合計	28	69	140	729	297

表をもとに偏差平方和と偏差積和を求めます。

$$S_{xx} = x^2\text{の合計} - \frac{(x\text{の合計})^2}{n} = 140 - \frac{28^2}{7} = 28$$

$$S_{yy} = y^2\text{の合計} - \frac{(y\text{の合計})^2}{n} = 729 - \frac{69^2}{7} \fallingdotseq 48.9$$

$$S_{xy} = (x \times y)\text{の合計} - \frac{(x\text{の合計}) \times (y\text{の合計})}{n} = 297 - \frac{28 \times 69}{7} = 21$$

相関係数の公式に代入します。

$$r = \frac{S_{xy}}{\sqrt{S_{xx}S_{yy}}} = \frac{21}{\sqrt{28 \times 48.9}} \fallingdotseq 0.57$$

相関係数の性質

相関係数は－１から＋１の範囲をとります。試験では、相関係数のとる範囲は記号を用いて「$-1 \leq r \leq 1$」※3 と表されることがあります。

※３「≤」（「≦」）は、「記号の左の数は右の数よりも小さいか、等しい」という大小関係を表す記号です。

正の相関※4 が強いほど相関係数は +1 に近くなり、負の相関※5 が強いほど相関係数は－１に近くなります。０の場合は相関なしを表します。

※４ 正の相関：変数 x が大きくなると変数 y も大きくなる関係のこと
※５ 負の相関：変数 x が大きくなると変数 y が小さくなる関係のこと

覚える！

《 相関係数の性質 》

- 相関係数は－１から＋１の値をとる
- ＋１に近いほど正の相関、－１に近いほど負の相関が強く、０の場合は相関なしを表す
- 相関が強いほど（＋１または－１に近いほど）散布図の点の並び方は直線的になる

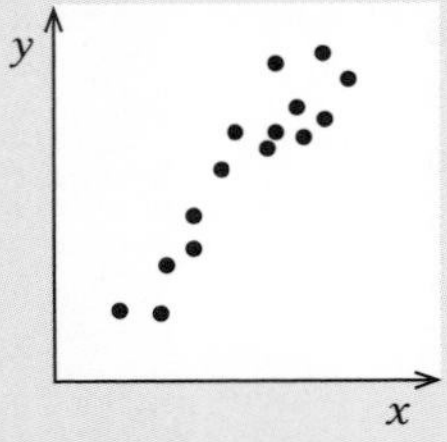

強い正の相関（r=0.9）

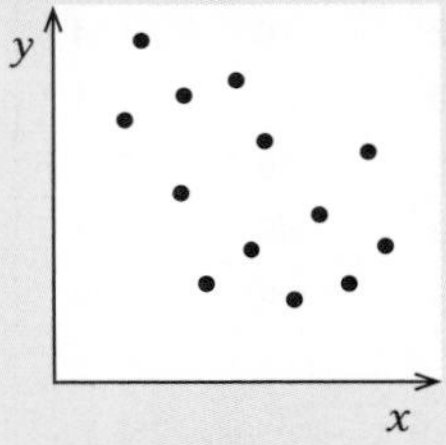

負の相関（r=－0.6）

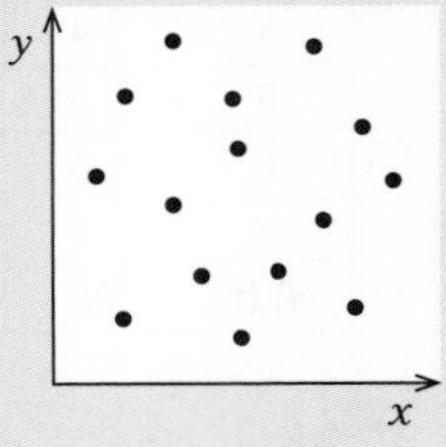

相関なし（r=0）

CHAPTER 4

重要ポイントのまとめ

POINT

1 相関係数

❶相関係数は相関関係の有無を表す指標。

❷相関係数は－１から＋1の値をとる。相関係数が＋1に近いほど正の相関が強く、－１に近いほど負の相関が強い。0の場合は相関なしを表す。

❸相関係数を求める公式

$$r = \frac{S_{xy}}{\sqrt{S_{xx}S_{yy}}}$$

❹偏差平方和と偏差積和の求め方

$$S_{xx} = x^2 \text{の合計} - \frac{(x\text{の合計})^2}{n}$$

$$S_{yy} = y^2 \text{の合計} - \frac{(y\text{の合計})^2}{n}$$

$$S_{xy} = (x \times y) \text{の合計} - \frac{(x\text{の合計}) \times (y\text{の合計})}{n}$$

予想問題 問題

問題 1　相関係数

□内に入る最も適切なものを選択肢から選べ。

対になったデータ (x,y) の相関係数 r を求める計算式は (1) である。なお、S_{xx} は x の偏差平方和、S_{yy} は y の偏差平方和、S_{xy} は x と y の偏差積和を表す。相関係数は (2) の値をとる。

次の散布図から相関係数 r を求めたところ、$r =$ (3) であった。このとき、x と y の間には (4) と考えられる。

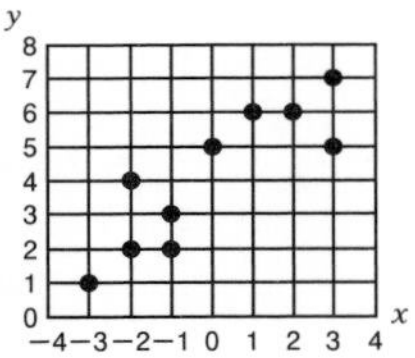

No.	x	y
1	−3	1
2	−2	2
3	−2	4
4	−1	2
5	−1	3
6	0	5
7	1	6
8	2	6
9	3	5
10	3	7
合計	0	41

【(1) ～ (4) の選択肢】

ア．$r = \dfrac{S_{xy}}{S_{xx}S_{yy}}$　イ．$r = \dfrac{S_{xy}}{\sqrt{S_{xx}S_{yy}}}$　ウ．$r = \dfrac{\sqrt{S_{xx}S_{yy}}}{S_{xy}}$

エ．−1から＋1　オ．−1から0　カ．0から＋1　キ．0.02

ク．0.86　ケ．1.16　コ．相関がない　サ．正の相関がある

シ．負の相関がある

(1)	(2)	(3)	(4)

CHAPTER

4

予想問題 解答解説

問題1 相関係数

【解答】　(1) イ　(2) エ　(3) ク　(4) サ

【解き方】

まず、計算補助表を作ります。x と y の値から、x^2 と y^2、$x \times y$ を求めます。

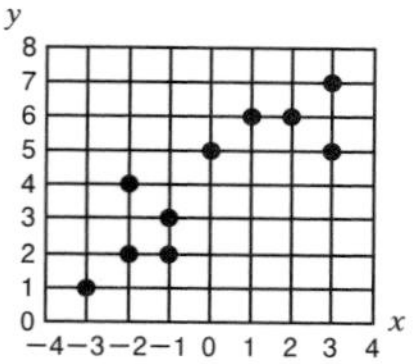

No.	x	y	x^2	y^2	$x \times y$
1	−3	1	9	1	−3
2	−2	2	4	4	−4
3	−2	4	4	16	−8
4	−1	2	1	4	−2
5	−1	3	1	9	−3
6	0	5	0	25	0
7	1	6	1	36	6
8	2	6	4	36	12
9	3	5	9	25	15
10	3	7	9	49	21
合計	0	41	42	205	34

次に、表をもとに偏差平方和 S_{xx} と S_{yy}、偏差積和 S_{xy} を計算します。

$$S_{xx} = x^2\text{の合計} - \frac{(x\text{の合計})^2}{n} = 42 - \frac{0^2}{10} = 42$$

$$S_{yy} = y^2\text{の合計} - \frac{(y\text{の合計})^2}{n} = 205 - \frac{41^2}{10} = 36.9$$

$$S_{xy} = (x \times y)\text{の合計} - \frac{(x\text{の合計}) \times (y\text{の合計})}{n} = 34 - \frac{0 \times 41}{10} = 34$$

相関係数を計算します。

$$r = \frac{S_{xy}}{\sqrt{S_{xx}S_{yy}}} = \frac{34}{\sqrt{42 \times 36.9}} \fallingdotseq 0.86$$

POINT

相関係数は散布図とセットで出題されることが多い範囲です。散布図の点 (x, y) から x と y の値を読み取り、偏差平方和と偏差積和を求めて、相関係数 r を計算するパターンがよく出題されます。相関係数の公式だけでなく、偏差平方和と偏差積和の計算方法も覚えておきましょう。

相関係数は−1 から＋1 の値をとり、+1 より大きい値や−1 より小さい値になることはありません。また、相関係数が正（＋）の場合は正の相関を表し、負（−）の場合は負の相関を表します。

CHAPTER 5

CHAPTER

5

管理図

難易度の高い範囲です。
まずは$\bar{X}$-R 管理図の管理線の計算ができるように
公式を覚えましょう。

★★★　内容を深く理解しているレベル
★★　定義と基本的な考え方を理解しているレベル
★　言葉を知っているレベル

5章の構成

1 管理図の考え方、使い方 ★★★

P115

出題分析　毎回平均 0.8/100点

第20回：0点	第21回：0点	第22回：0点	第23回：3点
第24回：2点	第25回：1点	第26回：1点	第27回：1点
第28回：0点	第30回：0点	第31回：1点	第32回：0点

管理図の用語や種類を覚えましょう。

2 $\bar{X}$-R 管理図 ★★★

P118

出題分析　毎回平均 5.3/100点

第20回：4点	第21回：8点	第22回：8点	第23回：0点
第24回：10点	第25回：5点	第26回：5点	第27回：4点
第28回：3点	第30回：7点	第31回：2点	第32回：8点

ほぼ毎回出題されます。管理線の計算方法は必ず覚えておきましょう。試験のイメージを掴むために、例題や章末の予想問題は実際に解いてみましょう。

3 p 管理図、np 管理図 ★★

P127

出題分析　毎回平均 1.0/100点

第20回：0点	第21回：5点	第22回：0点	第23回：4点
第24回：0点	第25回：0点	第26回：0点	第27回：0点
第28回：0点	第30回：2点	第31回：1点	第32回：0点

p 管理図は不適合品率の管理に用い、np 管理図は不適合品数の管理に用います。概要だけ覚えておきましょう。

1 管理図の考え方、使い方

毎回平均 0.8/100点

管理図は工程の安定状態を維持するために用いる

管理図は、工程の異常を見つけて、安定状態を維持するために用いる手法です。管理図では、時間の経過による工程（プロセス）の状態の変化を折れ線グラフで表します。

管理図に関する問題を解くために、まずは用語を知っておく必要があります。

管理図では「群」という用語が何度も出てきますが、群とは、工程からサンプリング[※1]したデータの集合のことです。

※1 サンプリング：調べる対象の集団から、実際に調べるものをいくつか抽出すること。

覚える！

《 管理図の形 》

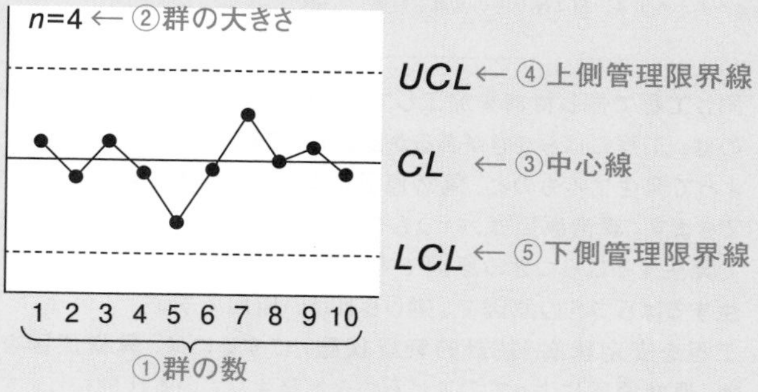

群の数は、何セット分のデータを取ったかを表し、群の大きさは、1セットあたり何個のデータを取ったかを表します。上の管理図の例では、1セットあたり4個のデータを10セット分取っているので、群の数は10、群の大きさは4です。

中心線は全ての点の平均値を取った線で、管理図で *CL*（Center Line）と書かれます。管理限界線は工程の安定状態を確認するために引く線で、上側管理限界線（*UCL*）と下側管理限界線（*LCL*）があります。上側管理限界線は *UCL*（Upper Control Limit）、下側管理限界線は *LCL*（Lower Control Limit）と書かれます。*CL*、*UCL*、*LCL* をまとめて管理線といいます。

管理図の範囲の全体像

工程（プロセス）とは、インプットをアウトプットに変換する一連の活動のことです。たとえば、材料を製品に加工する一連の活動などのことです。

管理図は、工程の安定状態を維持するために用います。安定状態は統計的管理状態ともいい、工程のばらつきが避けられない原因によってのみ発生している状態をいいます。

工程が安定な状態にあるかを確認するためには、管理限界線（*UCL* と *LCL*）を引いて、品質特性値※2などを打点します。点が管理限界線（*UCL* と *LCL*）の間にあり、点の並び方にくせ（傾向）がなければ、工程が安定な状態にあると判断します。

※２品質特性値：長さや重さ、耐久性などの品質を評価した値のこと。

参考

同じ工程で同じ材料を加工しても、完成した製品の品質に差ができるのは、工程にばらつきがあるからです。工程のばらつきは、異常原因によって発生するものと、偶然原因によって発生するものに分けることができます。異常原因は、いつも存在するとは限らない特定の状況によって発生するばらつきの原因です。偶然原因は、いつも通りの工程で発生するばらつきの原因で、避けられない原因です。
工程を安定状態（統計的管理状態）にするには、異常原因を取り除き、偶然原因によってのみばらつきが発生している状態にします。

なお、管理限界線（*UCL*、*LCL*）は工程の安定状態を確認するための基準です。規格値は、要求される品質の基準で、規格値を外れている場合は不適合品として扱います。管理限界線の外側に点が打たれても、工程が安定状態ではないだけで、規格外の不適合品が発生していることにはならないことに注意しましょう。

$\bar{X}$-R 管理図は計量値、
p 管理図と np 管理図は計数値を扱う

3級で出題される管理図は3種類です。計量値の管理図である $\bar{X}$-R 管理図が最もよく出題され、しっかり理解していないと解けない問題がほとんどです。計数値の管理図である p 管理図と np 管理図は概要が問われます。

覚える！

《 管理図の種類 》

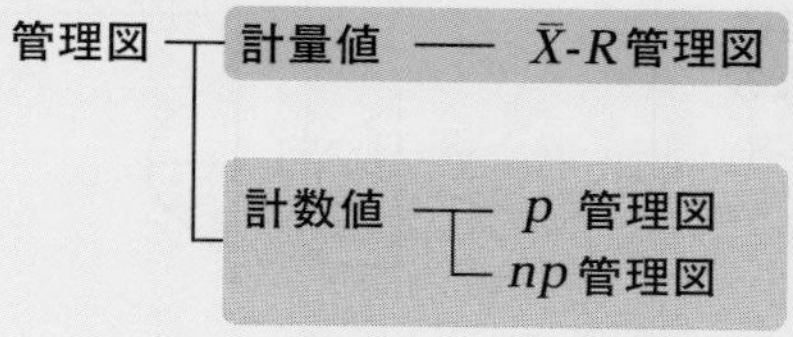

参考

管理図は、管理図を使う目的によって、あらかじめ採取したデータに基づいて工程が安定状態であるかを調べる解析用管理図と、データを採取するごとに異常がないかを検討する管理用管理図に分けられます。

2 $\bar{X}$-R 管理図

毎回平均 5.3/100点

$\bar{X}$-R 管理図は計量値を扱う

$\bar{X}$-R 管理図は、$\bar{X}$ 管理図と R 管理図を組み合わせ、計量値の分布の平均とばらつきを管理、解析するための管理図です。

$\bar{X}$ は平均値を表す文字で、$\bar{X}$ 管理図は平均の変化（群間変動）を表します。群間変動とは、群[※1]と群の間のばらつきのことです。

R は範囲を表す文字で、R 管理図はばらつき（範囲）の変化（群内変動）を表します。群内変動とは、1つの群のなかのデータのばらつきのことです。

※1 群：工程から抽出したデータの集合のこと。

管理図のイメージ

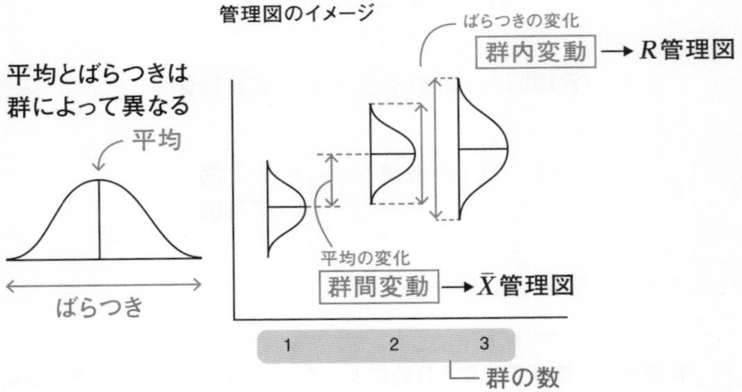

$\bar{X}$-R 管理図の各値の計算方法

試験では、管理図の各値を計算する問題がよく出題されます。ここからは手順のイメージをつかむために例を用いて説明します。

例で使用するデータ

群番号※2	計測値				合計	平均値	範囲
	X_1	X_2	X_3	X_4		$\bar{X}$	R
1	50	45	55	47	197	49.25	10
2	51	47	52	48	198	49.5	5
3	52	49	43	50	194	48.5	9
4	53	51	46	53	203	50.75	7
5	52	53	49	57	211	52.75	8
6	51	42	44	53	190	47.5	11
7	50	53	55	54	212	53	5
8	47	51	53	51	202	50.5	6
9	48	51	49	52	200	50	4
10	47	47	46	49	189	47.25	3
11	48	49	49	52	198	49.5	4
12	49	47	52	45	193	48.25	7
13	50	49	55	47	201	50.25	8
14	51	51	53	52	207	51.75	2
15	52	53	49	50	204	51	4
					合計	749.75	93
					平均	49.98	6.2

※2 通常、群の数は25以上とりますが、この例ではわかりやすくするために群の数を少なくしています。

1. 群の大きさnと群の数を確認する

群の大きさnと群の数を確認します。

例のデータでは、1日あたり4個の計測値のデータを15日分集めています。この場合、群の大きさは$n = 4$、群の数は15です。

2. 中心線(CL)を計算する

$\bar{X}$管理図の中心線(CL)は、群の平均値$\bar{X}$※3の合計を群の数で割って求めます。つまり、群の平均値$\bar{X}$の平均値なので、記号で$\bar{\bar{X}}$と表します。

※3 平均値は、アルファベットなどの記号の上に「-」をつけて表します。

例のデータでは、平均値の合計が749.75、群の数が15なので、$\bar{X}$管理図の中心線(CL)は約49.98になります。

$$\bar{X}\text{管理図の}CL = \bar{\bar{X}} = \frac{749.75}{15} \fallingdotseq 49.98$$

同じように、R 管理図の中心線（CL）は、群の範囲 R※4の合計を群の数で割って求めます。つまり、群の範囲 R の平均値なので、記号で $\bar{R}$ と表します。

※4 範囲：最大値と最小値の差

例のデータでは、範囲の合計が 93、群の数が 15 なので、R 管理図の中心線（CL）は 6.2 になります。

$$R\text{管理図の}CL = \bar{R} = \frac{93}{15} = 6.2$$

3. 管理限界線を計算する

管理限界線の計算をするときには、「係数」と呼ばれる数値が必要です。「係数」の表は問題文の中か、問題冊子の最後に載っているので覚える必要はありません。

管理限界線を計算するための係数表

n	A_2	D_3	D_4
2	1.880	−	3.267
3	1.023	−	2.575
4	0.729	−	2.282
5	0.577	−	2.114
6	0.483	−	2.004
7	0.419	0.076	1.924
8	0.373	0.136	1.864
9	0.337	0.184	1.816
10	0.308	0.223	1.777

計算に使う係数は、群の大きさ n の行を選びます。例のデータでは、群の大きさは $n = 4$ なので、n が 4 の行の係数 A_2、D_3、D_4 を選びます。

管理限界線を計算するための係数表

n	A_2	D_3	D_4
2	1.880	−	3.267
3	1.023	−	2.575
4	0.729	−	2.282
5	0.577	−	2.114
6	0.483	−	2.004
7	0.419	0.076	1.924
8	0.373	0.136	1.864
9	0.337	0.184	1.816
10	0.308	0.223	1.777

$n=4$の行を選ぶ

$\bar{X}$ 管理図の管理限界線は次の公式で計算します。

覚える!

《 $\bar{X}$ 管理図の管理限界線 》

$$UCL=\bar{\bar{X}}+A_2\times\bar{R}$$
$$LCL=\bar{\bar{X}}-A_2\times\bar{R}$$

$\bar{\bar{X}}$：群の平均値 $\bar{X}$ の平均値、$\bar{R}$：群の範囲 R の平均値、A_2：係数

R 管理図の管理限界線は次の公式で計算します。n が 6 以下の場合は D_3 の値が載っていないので、LCL は考えずに、UCL だけ計算します。

覚える!

《 R 管理図の管理限界線 》

$$UCL=D_4\times\bar{R}$$
$$LCL=D_3\times\bar{R}$$

$\bar{R}$：群の範囲 R の平均値、D_4、D_3：係数

手順 2 で求めた $\bar{\bar{X}}=49.98$ と $\bar{R}=6.2$、係数表から選んだ $A_2=0.729$、$D_4=2.282$ を使って管理限界線を計算すると、次のようになります。

$\bar{X}$管理図の$UCL=49.98+0.729\times6.2\fallingdotseq54.50$

$\bar{X}$管理図の$LCL=49.98-0.729\times6.2\fallingdotseq45.46$

R管理図の$UCL=2.282\times6.2\fallingdotseq14.15$

管理図の形は次の図のようになります。

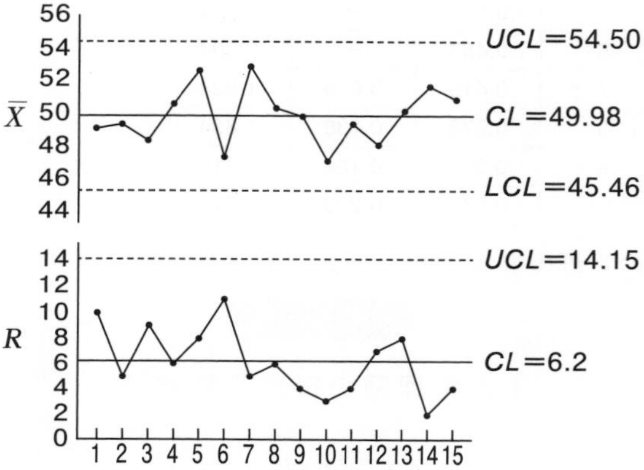

覚える！

《 $\bar{X}$-R 管理図の各値の計算方法 》

① 群の大きさnと群の数を確認する

② $\bar{X}$管理図の中心線（CL）を計算する

$$\bar{\bar{X}}=\frac{群の平均値\bar{X}の合計}{群の数}$$

③ R管理図の中心線（CL）を計算する

$$\bar{R}=\frac{群の範囲Rの合計}{群の数}$$

④ 係数表から群の大きさnの行の係数を選ぶ

⑤ $\bar{X}$管理図の管理限界線（UCLとLCL）を計算する

$$UCL=\bar{\bar{X}}+A_2\times\bar{R}$$
$$LCL=\bar{\bar{X}}-A_2\times\bar{R}$$

⑥ R管理図の管理限界線（UCLとLCL）を計算する

$$UCL=D_4\times\bar{R}$$
$$LCL=D_3\times\bar{R}$$

例題 5-2-1

大きさ7のサンプルを抽出し、これを30群分集めた。30群分の$\bar{X}$の合計が1515、Rの合計が285であるとき、管理線を計算せよ。

$\bar{X}$管理図：$CL=$ [(1)]、$UCL=$ [(2)]、$LCL=$ [(3)]

R管理図：$CL=$ [(4)]、$UCL=$ [(5)]、$LCL=$ [(6)]

管理限界線を計算するための係数表

n	A_2	D_3	D_4
2	1.880	−	3.267
3	1.023	−	2.575
4	0.729	−	2.282
5	0.577	−	2.114
6	0.483	−	2.004
7	0.419	0.076	1.924

【選択肢】0　0.72　9.5　18.28　40.71　46.52　50.5　54.48　216.43

【解 答】（1）50.5　（2）54.48　（3）46.52　（4）9.5　（5）18.28　（6）0.72

まず、CL（中心線）を計算します。

$$\bar{\bar{X}}=\frac{\text{群の平均値}\bar{X}\text{の合計}}{\text{群の数}}=\frac{1515}{30}=50.5$$

$$\bar{R}=\frac{\text{群の範囲}R\text{の合計}}{\text{群の数}}=\frac{285}{30}=9.5$$

$\bar{\bar{X}}=50.5$が$\bar{X}$管理図のCL、$\bar{R}=9.5$がR管理図のCLとなります。

群の大きさnは7なので、管理限界線を計算するための係数は$A_2=0.419$、$D_3=0.076$、$D_4=1.924$を選びます。

$\bar{X}$管理図のUCLとLCLは次の式で計算します。

$$UCL=\bar{\bar{X}}+A_2\times\bar{R}=50.5+0.419\times9.5\fallingdotseq54.48$$

$$LCL=\bar{\bar{X}}-A_2\times\bar{R}=50.5-0.419\times9.5\fallingdotseq46.52$$

R管理図のUCLとLCLは次の式で計算します。

$$UCL=D_4\times\bar{R}=1.924\times9.5\fallingdotseq18.28$$

$$LCL=D_3\times\bar{R}=0.076\times9.5\fallingdotseq0.72$$

$\bar{X}$-R 管理図の見方

試験では工程が異常かどうかを判断する問題もよく出題されます。

管理図を見るときは、まず、次の図のうち、①のような管理限界線を超える点があるかを確認します。その後、②～⑤のような「くせ」がないかを確認し、①～⑤のどれにも当てはまっていなければ、工程は安定状態（統計的管理状態）だと判断します。

覚える！

《 管理図の異常の判断 》

①管理限界線を超える点

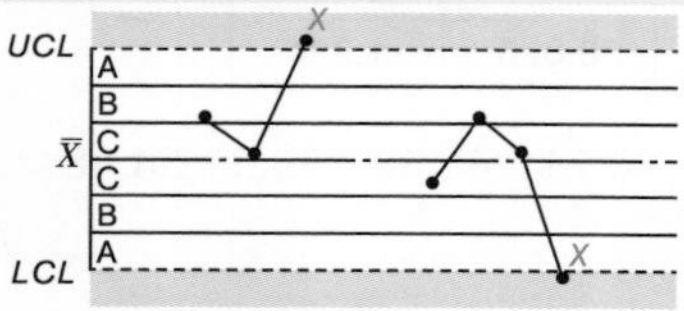

1点がゾーンAを超えている

②長い連

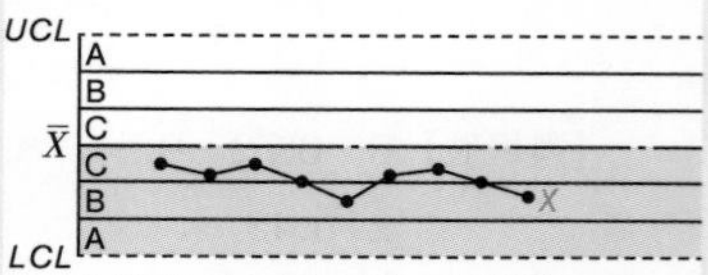

9点以上が中心線に対して同じ側にある

③傾向

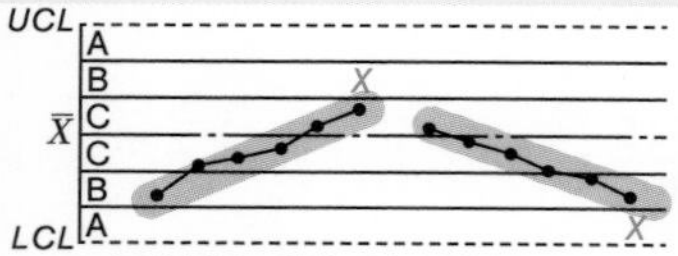

6点が連続して増加または減少している

④周期

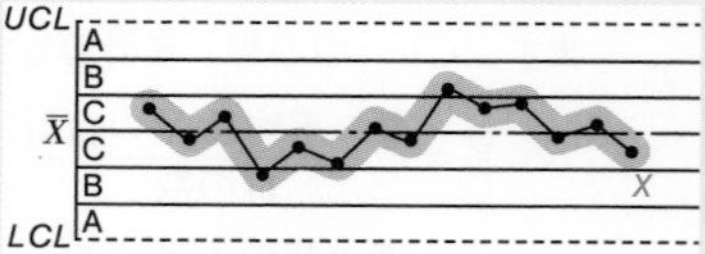

14点が交互に増減している

⑤中心線に接近している、または、管理限界線に接近している

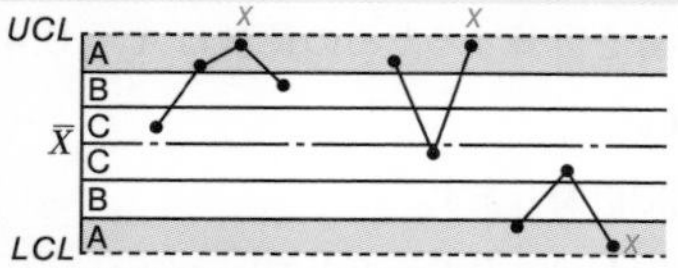

連続する3点中2点がゾーンAまたはそれを超えている

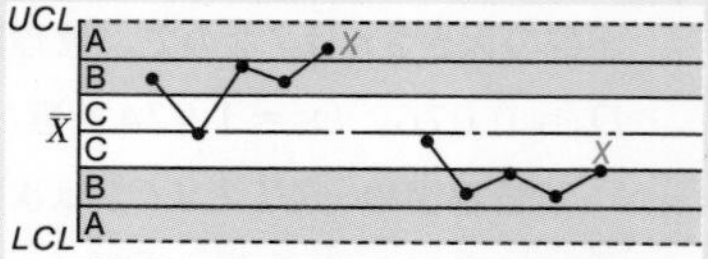

連続する5点中4点がBまたはそれを超えている

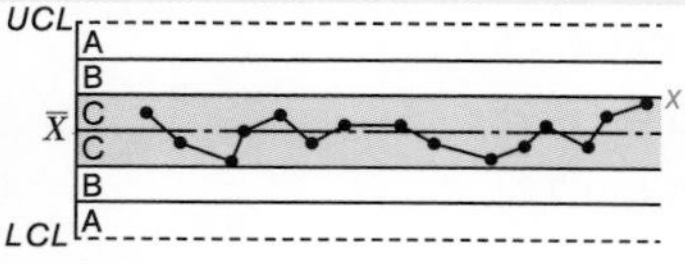

連続する15点がゾーンCにある

連続する8点がゾーンC以外にある

参考

点がどのように打たれているかを判断する目安として、管理限界線と中心線の間を3等分し、管理限界線に近い順からA、B、Cと割り当てることがあります。ただし、「○つの点のうち○点」などの細かいルールが問われる可能性は低いため、管理図を見て「管理外れ」や「くせ」を見つけることができるように、イメージをつかむことを重視してください。

参考

管理限界線（*UCL*、*LCL*）は、中心線（*CL*）から両側へ3σの距離に設定され、管理限界線の間を1σごとに区切ってA、B、Cとします[※5]。

※5 σは母標準偏差を表す記号で、シグマと読みます。

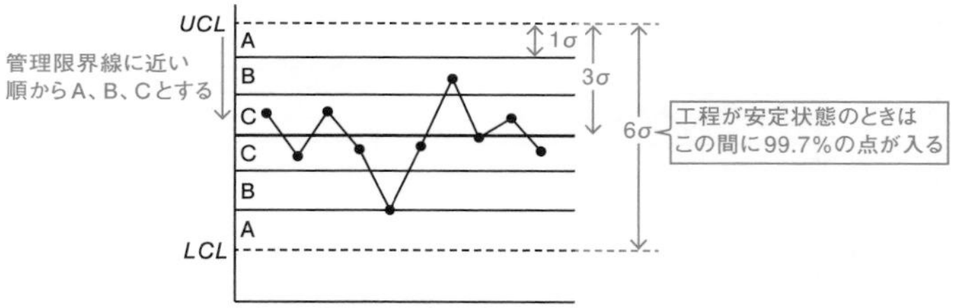

中心線（*CL*）から+3σの位置に上側管理限界線（*UCL*）を、−3σの位置に下側管理限界線（*LCL*）を設定することで、工程が安定状態にあるときは、*UCL*と*LCL*の間に99.7%の点が入ります。これを言い換えると、工程が安定状態にあるときに点が管理限界線の外側に出る確率は1000回に3回で、0.3%です。つまり、0.3%の確率で、工程が安定状態なのに「異常がある」と判定するリスクがあるということです。試験でたまに出題されるのは、「管理限界線は中心線から3σの位置」「管理限界線の間が6σの幅で安定状態のとき、*UCL*と*LCL*の間に99.7%の点が入る」です。

例題 5-2-2

次の９つの管理図のなかで統計的管理状態にある管理図は (1) である。また、長い連が見られる管理図は (2) 、傾向が見られる管理図は (3) 、周期的な変動が見られる管理図は (4) 、中心傾向が見られる管理図は (5) 、管理外れの点が見られる管理図は (6) である。

ア.

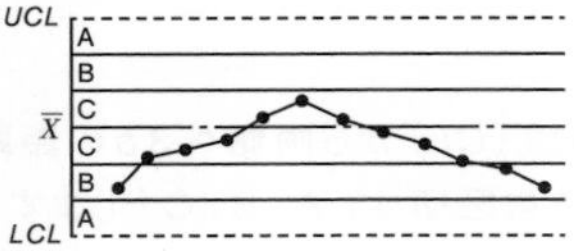

イ.

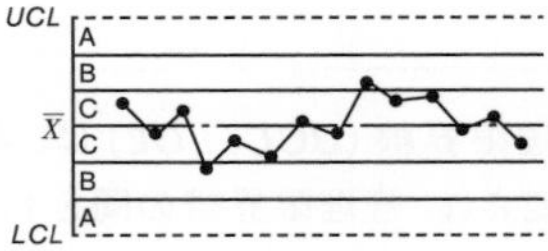

ウ.

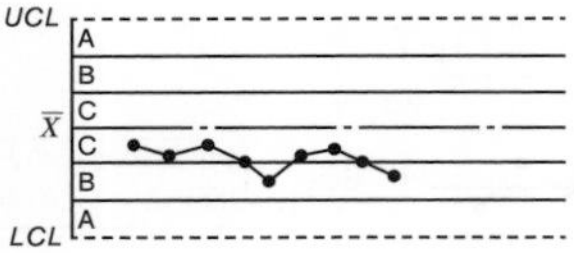

エ.

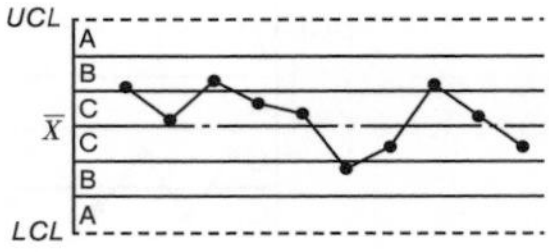

オ.

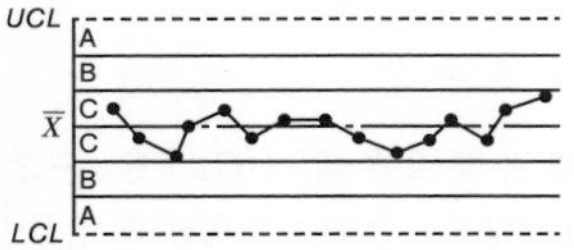

カ.

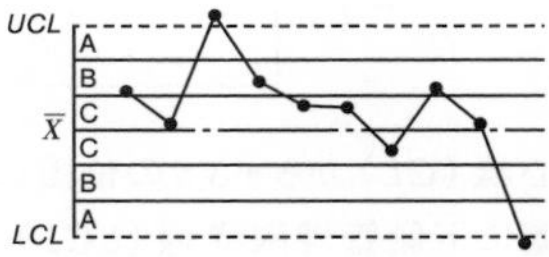

【選択肢】ア イ ウ エ オ カ

【解答】 (1) エ (2) ウ (3) ア (4) イ (5) オ (6) カ

管理図を見て「管理外れ」や「くせ」を見つけることができるように確認しておきましょう。

3 p 管理図、np 管理図

毎回平均 1.0/100点

p 管理図は不適合品率、np 管理図は不適合品数を管理する

p 管理図と np 管理図は、計数値を管理、解析するための管理図です。p 管理図は不適合品率の管理に用い、np 管理図は不適合品数の管理に用います。

計数値の管理図の管理限界線の計算は、群の大きさが変動するか、一定であるかによって異なります。計算方法が問われる可能性は非常に低いため、次のことだけ覚えておきましょう。

p 管理図は群によって群の大きさが変動するため、各群に対して別々の管理限界線を計算しなければなりません。この場合、群の大きさが小さくなるほど、管理限界線の幅は広くなります。一方、np 管理図は群の大きさが一定なので、全ての群に対して同じ管理限界線（UCL と LCL）を使うことができます。

覚える！

《 計数値の管理図の種類 》

管理図	管理の対象	群の大きさ	管理限界線の計算方法
p 管理図	不適合品率	変動する	各群に対して別々の管理限界線を計算する。群の大きさが小さいほど管理限界線の幅は広くなる。
np 管理図	不適合品数	一定	全ての群に対して同じ管理限界線を使うことができる。

参考

p 管理図と np 管理図は、2章で学んだ二項分布を基礎とする管理図です。たまに試験に出題されるため、「p 管理図と np 管理図は二項分布を基礎とする管理図」と覚えておきましょう。

CHAPTER

5 重要ポイントのまとめ

POINT

1 管理図の考え方、使い方

❶管理図は、工程の異常を見つけて、安定状態（統計的管理状態）を維持するために用いる手法。

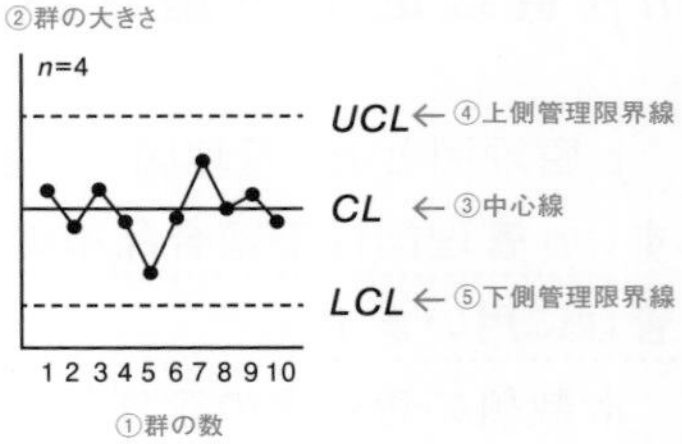

2 $\bar{X}$-R 管理図

❶$\bar{X}$-R 管理図は、$\bar{X}$ 管理図と R 管理図を組み合わせ、計量値の分布の平均とばらつきを管理、解析するための管理図。

❷$\bar{X}$ 管理図は平均の変化（群間変動）を表し、R 管理図はばらつき（範囲）の変化（群内変動）を表す。

❸管理限界線の計算手順

（1）群の大きさ n と群の数を確認する

（2）$\bar{X}$ 管理図と R 管理図の中心線（CL）を計算する

$$\bar{X}\text{ 管理図の } CL = \bar{\bar{X}} = \frac{\text{群の平均値}\bar{X}\text{ の合計}}{\text{群の数}}$$

$$R\text{ 管理図の } CL = \bar{R} = \frac{\text{群の範囲 } R \text{ の合計}}{\text{群の数}}$$

（3）係数表から群の大きさ n の行の係数を選ぶ

（4）$\bar{X}$ 管理図の管理限界線（UCL と LCL）を計算する

$$UCL = \bar{\bar{X}} + A_2 \times \bar{R}$$

$$LCL = \bar{\bar{X}} - A_2 \times \bar{R}$$

（5）R 管理図の管理限界線（UCL と LCL）を計算する

$$UCL = D_4 \times \bar{R}$$

$$LCL = D_3 \times \bar{R}$$

❹管理図の分析では、管理限界線の外側に点があるか、点の並び方にくせがあるかを確認する。

3 p 管理図、np 管理図

❶ p 管理図と np 管理図は、計数値を管理、解析するための管理図。

❷ p 管理図は不適合品率の管理に用い、np 管理図は不適合品数の管理に用いる。

予想問題　問　題

問題 1　管理図

[　　] 内に入る最も適切なものを選択肢から選べ。

管理図は、工程に異常がないかを判断して、工程の [(1)] するために用いる。

管理図は、管理図を使う目的によって 2 つの種類に分けられる。[(2)] 管理図は、あらかじめ採取したデータに基づいて工程が安定状態であるかを調べるために用いる。[(3)] 管理図は、データを採取するごとに異常がないかを検討するために用いる。

$\bar{X}$-R 管理図は、長さや重さなどの [(4)] のデータに使用される。p 管理図や np 管理図は、不適合品率や不適合品数などの [(5)] データに使用される。

$\bar{X}$-R 管理図において、$\bar{X}$ 管理図は [(6)] の変化（[(7)] 変動）を表し、R 管理図は [(8)] の変化（[(9)] 変動）を表す。

[(5)] の管理図の管理限界線は、群の大きさが一定であるか、変動するかによって計算方法が異なる。群の大きさが [(10)] np 管理図は、[(11)] 管理限界線を計算する。群の大きさが [(12)] p 管理図は、[(13)] 管理限界線を計算する。群の大きさが [(12)] p 管理図の場合、群の大きさが小さくなるほど管理限界幅は [(14)] なる。

【[(1)] ～ [(14)] の選択肢】

ア．不適合品を発見　イ．安定状態を維持　ウ．管理用　エ．解析用
オ．計量値　カ．計数値　キ．平均　ク．分散
ケ．ばらつき　コ．群内　サ．群間　シ．一定である
ス．変動する　セ．全ての群に対して同一の
ソ．各群に対して別々の　タ．広く　チ．狭く

(1)	(2)	(3)	(4)	(5)	(6)	(7)	(8)	(9)

(10)	(11)	(12)	(13)	(14)

問題 2　$\bar{X}$-R 管理図

□内に入る最も適切なものを選択肢から選べ。

図 1 の $\bar{X}$-R 管理図を作成するために、群の大きさ (1) 、群の数 (2) のデータを収集した。$\bar{X}$ 管理図の UCL は (3) 、LCL は (4) 、R 管理図の UCL は (5) 、LCL は (6) となる。

表 1　管理限界線を計算するための係数表

n	A_2	D_3	D_4
2	1.880	−	3.267
3	1.023	−	2.575
4	0.729	−	2.282
5	0.577	−	2.114
6	0.483	−	2.004
7	0.419	0.076	1.924

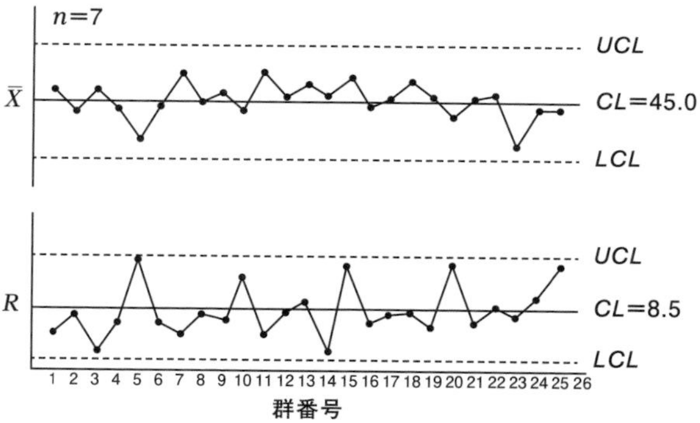

図 1　$\bar{X}$-R 管理図

この $\bar{X}$-R 管理図より、$\bar{X}$ 管理図については (7) ため、 (8) といえる。R 管理図については (9) ため、 (10) といえる。

【 (1) ～ (10) の選択肢】

ア. 7　　イ. 25　　ウ. 26　　エ. 0.65　　オ. 16.35

カ. 41.44　キ. 45.0　ク. 48.56　ケ. 管理外れの点がある

コ. 管理外れの点がなく、点の並び方にくせもない

サ. 管理外れの点はないが、周期的に大きくなる群がある

シ. 安定状態にある　　ス. 群間変動に異常がある　セ. 群内変動に異常がある

(1)	(2)	(3)	(4)	(5)	(6)	(7)	(8)	(9)

(10)

CHAPTER 5

✦予想問題 解答解説

問題 1　管理図

【解 答】　(1) イ　(2) エ　(3) ウ　(4) オ　(5) カ　(6) キ
(7) サ　(8) ケ　(9) コ　(10) シ　(11) セ
(12) ス　(13) ソ　(14) タ

POINT

管理図は工程の安定状態（統計的管理状態）を維持するために用いる図で、不適合品を発見するための図ではありません。

3 級の試験では、$\bar{X}$-R 管理図、p 管理図、np 管理図が出題されます。特に覚える必要のある部分は、各管理図が何を管理するかです。$\bar{X}$ 管理図は平均の変化（群間変動）、R 管理図はばらつきの変化（群内変動）、p 管理図は不適合品率、np 管理図は不適合品数を管理します。必ず覚えておきましょう。

問題 2　$\bar{X}$-R 管理図

【解 答】　(1) ア　(2) イ　(3) ク　(4) カ　(5) オ　(6) エ
(7) コ　(8) シ　(9) サ　(10) セ

【解き方】

まず、各値を確認します。図より、群の大きさ n は 7、群の数は点の数を数えて 25 です。$\bar{X}$ 管理図は $CL = 45.0$、R 管理図は $CL = 8.5$ なので、$\bar{\bar{X}} = 45.0$、$\bar{R} = 8.5$ です。

群の大きさ $n = 7$ なので、管理限界線を計算するための係数表は $n = 7$ の行を選び、$A_2 = 0.419$、$D_3 = 0.076$、$D_4 = 1.924$ です。

確認した値を公式に代入して管理限界線を計算します。

$\bar{X}$ 管理図の $UCL = \bar{\bar{X}} + A_2 \times \bar{R} = 45.0 + 0.419 \times 8.5 \fallingdotseq 48.56$

$\bar{X}$ 管理図の $LCL = \bar{\bar{X}} - A_2 \times \bar{R} = 45.0 - 0.419 \times 8.5 \fallingdotseq 41.44$

R 管理図の $UCL = D_4 \times \bar{R} = 1.924 \times 8.5 \fallingdotseq 16.35$

R 管理図の $LCL = D_3 \times \bar{R} = 0.076 \times 8.5 \fallingdotseq 0.65$

POINT

群の大きさと群の数を間違えないように気をつけましょう。管理図の点の数は群の数を表します。「群」は「点」と頭の中で読み替えてもいいでしょう。

この問題では中心線（CL）の値が与えられたため、$\bar{\bar{X}}$ と $\bar{R}$ としてそのまま公式に代入できました。もし「群の平均値 $\bar{X}$ の合計」「群の範囲 R の合計」を与えられたときは、群の数で割って $\bar{\bar{X}}$ と $\bar{R}$ を求める必要があります。

$$\bar{\bar{X}} = \frac{\text{群の平均値 } \bar{X} \text{ の合計}}{\text{群の数}} \qquad \bar{R} = \frac{\text{群の範囲 } R \text{ の合計}}{\text{群の数}}$$

$\bar{X}$ 管理図の UCL と LCL は A_2 で、R 管理図の UCL は D_4、LCL は D_3 で計算します。特に、R 管理図の UCL と LCL の計算で使う係数を間違えないように、一度は解いておきましょう。

管理図の分析にあたって確認するポイントは、①管理外れの点があるか、②点の並び方に「くせ」はあるか、です。この問題の $\bar{X}$ 管理図を見ると、管理外れの点はなく、点にも「くせ」がないため、安定状態にあると判断します。一方、R 管理図は周期的に大きくなる群（点）があり、「くせ」があるといえます。そのため、群内変動に異常があると判断します。この問題のような形で、$\bar{X}$ 管理図が群間変動、R 管理図が群内変動を表すことを問われることもあります。

CHAPTER

6

CHAPTER

6 工程能力指数

管理図やヒストグラム、
正規分布などとあわせて
出題されることが多い範囲です。

★★★　内容を深く理解しているレベル
★★　定義と基本的な考え方を理解しているレベル
★　言葉を知っているレベル

6章の構成

1 工程能力指数

★★★

P137

出題実績　毎回平均 3.3/100点

第20回：5点	第21回：0点	第22回：3点	第23回：4点
第24回：10点	第25回：0点	第26回：6点	第27回：0点
第28回：4点	第30回：6点	第31回：2点	第32回：0点

これまでに学んだ管理図やヒストグラム、正規分布などの知識が必要な範囲です。工程能力指数を求める3つの公式と3つの評価基準を覚え、例題や予想問題を通して理解を深めましょう。

1 工程能力指数

毎回平均 3.3/100点

工程能力指数の定義

工程能力指数は、安定状態※1 にある工程が品質を実現する能力（工程能力）を測る指標です。工程能力指数は、工程が安定状態にあるときに、データのばらつきがどのくらいの余裕をもって規格※2 内に収まるかを数値で示すため、安定状態を確認する管理図や、ばらつきの状態を確認するヒストグラムと組み合わせて用います。

※1 安定状態（統計的管理状態）：工程のばらつきが避けられない原因によってのみ発生している状態。
※2 規格：要求される品質の基準。規格の上限を上回ったり、下限を下回ったりしている場合は不適合品として扱います。

覚える！

《 工程能力指数 》

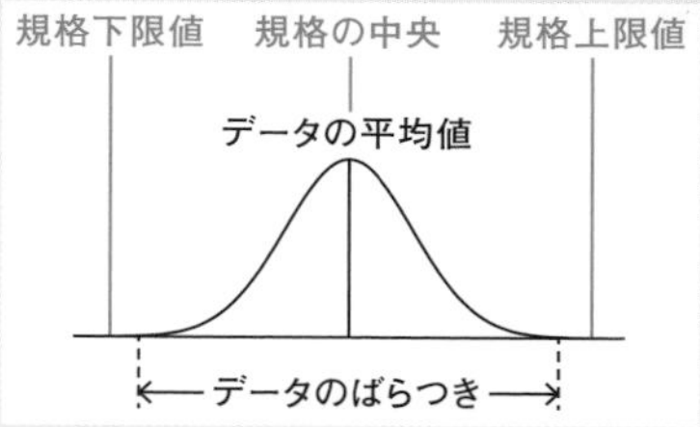

工程能力指数
データのばらつきがどのくらいの余裕を持って規格内に収まるかを数値で示す

参考	工程能力指数は精度の指標です。なお、精度とは、ばらつきの程度のことで、ばらつきが小さいほど精度が高いということになります。

工程能力指数の計算方法

工程能力指数は C_p で表し、計算には規格値※3を用います。

※3 規格値：製品の適合・不適合を決める基準の値。

規格値には、上限と下限の両方が定められている場合や、上限のみ、または下限のみが定められている場合があります。上限と下限の両方が定められている規格を両側規格といい、上限または下限のどちらかしか定められていない規格を片側規格といいます。

両側規格　例：規格が1.5mm±0.3mm　　片側規格　例：規格が2.0mm以下

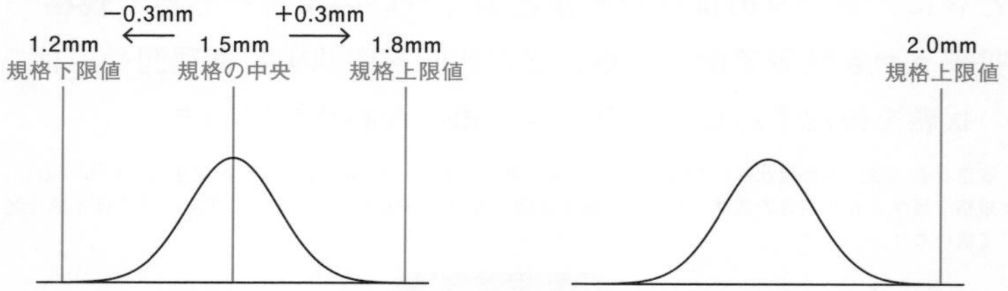

工程能力指数は通常 C_p で表しますが、規格の中央にデータの平均値がない場合には、かたより※4を考慮した工程能力指数 C_{pk} を計算します。ここからは両側規格の場合の C_p と C_{pk} の計算方法、片側規格の場合の C_p の計算方法を説明します。

※4 工程能力指数で考慮する「かたより」とは、データの平均値と規格の中央がどれくらい離れているかのことです。

参考	片側規格の場合には規格の中央というものがないため、かたよりを考慮した工程能力指数は計算しません。

1. 工程能力指数 C_p（両側規格）

平均値が規格の中央にある場合、規格の上限値から下限値を引いた値を標準偏差の6倍（6s）で割って C_p を求めます。

$$C_p = \frac{規格上限値 - 規格下限値}{6s}$$

2. かたよりを考慮した工程能力指数 C_{pk}（両側規格）

平均値が規格の中央からずれている場合、平均値に近い方の規格値を用いて平均値との差を求め、標準偏差の 3 倍（3*s*）で割って C_{pk} を求めます。計算結果がマイナスになったときは、マイナスをとった値を C_{pk} とします。

$$C_{pk}=\frac{\text{平均値に近い方の規格値と平均値の差}}{3s}$$

参考

このあとの 3. で説明する片側規格の計算方法で C_p の値を 2 つ求めてから、小さい方の値を選ぶ方法でも C_{pk} と同じ値になります。

$$\left.\begin{array}{l}\dfrac{\text{規格上限値と平均値の差}}{3s}\\[2ex]\dfrac{\text{規格下限値と平均値の差}}{3s}\end{array}\right\}\text{いずれか小さい方}$$

3. 工程能力指数 C_p（片側規格）

規格値と平均値の差を標準偏差の3倍（3*s*）で割って C_p を求めます。計算結果がマイナスになったときは、マイナスをとった値を C_p とします。

$$C_p=\frac{\text{規格値と平均値の差}}{3s}$$

覚える！

《 工程能力指数の計算方法 》

① 両側規格

$$C_p=\frac{\text{規格上限値}-\text{規格下限値}}{6s}$$

② 両側規格（かたよりを考慮した）

$$C_{pk}=\frac{\text{平均値に近い方の規格値と平均値の差}}{3s}$$

③ 片側規格

$$C_p=\frac{\text{規格値と平均値の差}}{3s}$$

工程能力指数は1.33以上で工程能力が十分

工程能力指数の値から工程能力を判断します。**工程能力指数（C_p、C_{pk}）が 1.33 以上だと工程能力は十分です。**次の表も必ず覚えておきましょう。

覚える！

《 工程能力指数の評価基準 》

工程能力指数	評価基準
工程能力指数≧1.33	工程能力は十分である
1.00≦工程能力指数<1.33	工程能力はやや不足している
工程能力指数<1.00	工程能力は不足している

※5「≤」（「≦」）は、「記号の左の数は右の数よりも小さいか、等しい」という大小関係を表す記号です。「≥」（「≧」）は、「記号の左の数は右の数よりも大きいか、等しい」という意味の記号です。

※6「<」は、「記号の左の数は右の数よりも小さい」という大小関係を表す記号です。「>」は、「記号の左の数は右の数よりも大きい」という意味の記号です。

参考

あまり試験では出題されませんが、上の表に加えて、「工程能力指数が1.67以上で工程能力は十分すぎる」、「工程能力指数が0.67より小さいと工程能力は非常に不足している」という評価基準もあります。

例題 6-1-1

ある安定状態の工程で製造される製品の重量は正規分布に従い、平均値4.5g、標準偏差0.1gである。この製品の規格上限値は5.0g、規格下限値は4.3gである。

工程能力指数 C_p の値は (1) 、かたよりを考慮した C_{pk} の値は (2) である。C_p は (3) 、C_{pk} は (4) 。

【選択肢】 0.67　1.17　1.33　工程能力は十分　工程能力は不足している　工程能力はやや不足している

【解答】 （1）1.17　（2）0.67　（3）工程能力はやや不足している
（4）工程能力は不足している

まず、C_p を計算します。

$$C_p = \frac{\text{規格上限値}-\text{規格下限値}}{6s} = \frac{5.0-4.3}{6\times0.1} \fallingdotseq 1.17$$

平均値は規格下限値の側に寄っているため、規格下限値と平均値の差から C_{pk} を計算します。

$$C_{pk} = \frac{\text{平均値に近い方の規格値と平均値の差}}{3s} = \frac{4.5-4.3}{3\times0.1} \fallingdotseq 0.67$$

工程能力指数の評価基準より、$C_p = 1.17$ は工程能力はやや不足、$C_{pk} = 0.67$ は工程能力は不足しているといえます。

工程能力指数	評価基準
工程能力指数≧1.33	工程能力は十分である
1.00≦工程能力指数<1.33	工程能力はやや不足している
工程能力指数<1.00	工程能力は不足している

ヒストグラムから工程能力指数を読み取る

工程能力指数は、データのばらつきがどのくらいの余裕を持って規格内に収まるかを数値で示します。

ヒストグラム※7から工程能力指数を読み取るときは、**データの分布が余裕を持って規格内に収まっているか**を見ます。規格の外側に分布がはみ出している場合は、規格外が発生しているということなので、工程能力は不足していると判断します。また、分布が規格内に収まっていても、規格に対して余裕がなければ、工程能力はやや不足していると判断します。

※7 以下ではヒストグラムを簡略化して表しています。

分布の平均値が規格の中央にある場合（かたよりを考慮しない）

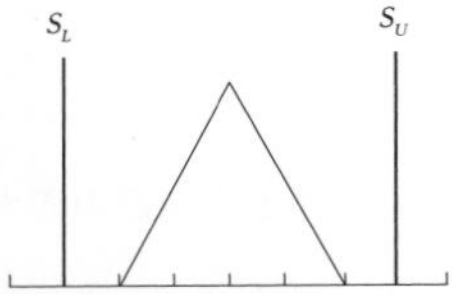

余裕を持って規格内に収まっているため、C_pは十分

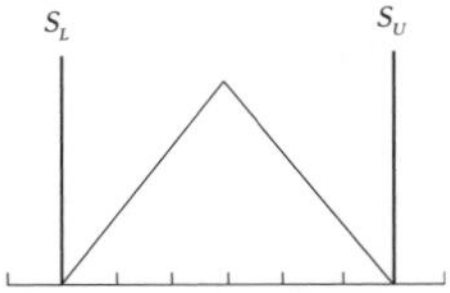

規格内に収まっているが余裕がないため、C_pはやや不足

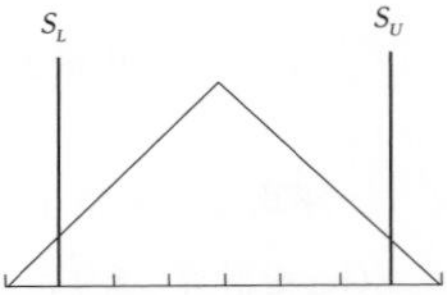

規格外が発生しているため、C_pは不足

分布の平均値が規格の中央からずれている場合（かたよりを考慮する）

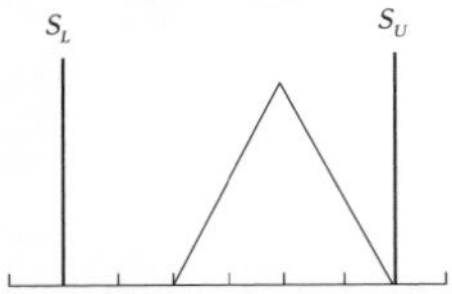

分布の幅よりも規格の幅の方が広いのでC_pは十分
ただし分布が規格上限側に寄っており余裕がないためC_{pk}はやや不足

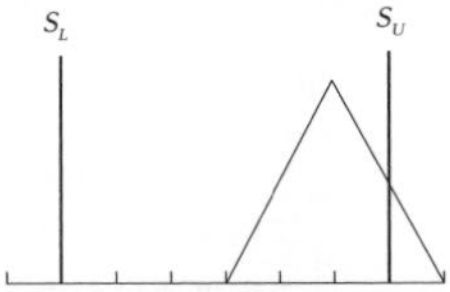

分布の幅よりも規格の幅の方が広いのでC_pは十分
ただし分布が規格上限側に寄っており規格外が発生しているためC_{pk}は不足

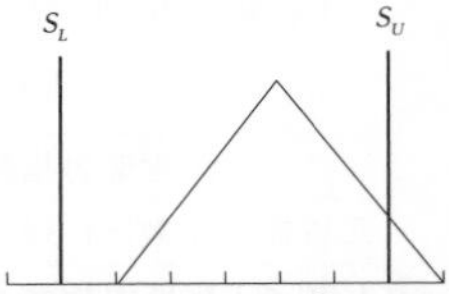

分布の幅と規格の幅が等しいのでC_pはやや不足
分布が規格上限側に寄っており規格外が発生しているためC_{pk}は不足

※８ S_L は規格下限値を、S_U は規格上限値を表します。

工程能力を改善するためには、分布の平均値を規格の中央に近づけ、分布が規格内に余裕を持って収まるように、分布のばらつきを小さくします。

参考

C_pとC_{pk}の値が大きいほど工程能力も高いといえます。ただし、C_{pk}の値はC_pの値よりも大きくなることはありません。C_{pk}はかたよりを考慮するため、分布の平均値に近い方の規格値を用いて計算します。その結果、工程能力はC_pよりも余裕がない値（＝小さい値）になります。そのため、「C_pは不足しているがC_{pk}は十分」という評価になることはなく、C_pとC_{pk}の評価は同じか、もしくはC_{pk}の方がC_pより悪い評価になります。

例題 6-1-2

ある安定状態の工程で製造される製品の重量は正規分布に従い、平均値4.5g、標準偏差0.1gである。この製品の規格上限値は5.0g、規格下限値は4.3gである。

工程能力指数 C_p は1.17、かたよりを考慮した C_{pk} は0.67である。これを簡略化して表したヒストグラムは［(1)］であり、工程能力を改善するためには、重量の平均値を［(2)］、ばらつきを［(3)］する必要がある。たとえば、標準偏差が 0.1g のままで、$C_{pk} = 1.00$ とするためには、平均値を [(4)] にする必要がある。

ア.　イ.　ウ.

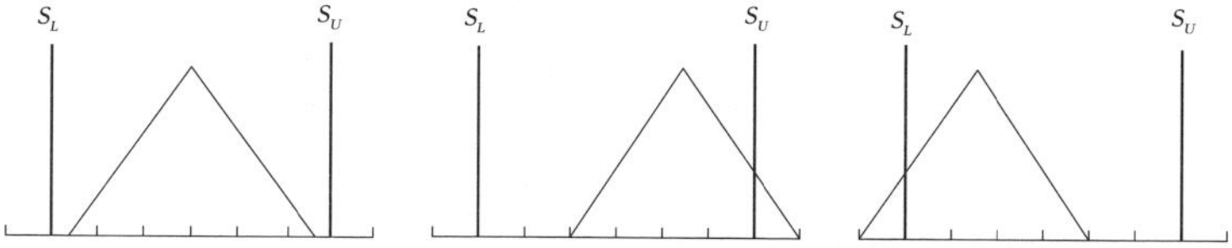

【選択肢】ア　イ　ウ　上げ　下げ　大きく　小さく　4.6　4.7

【解 答】（1）ウ　（2）上げ　（3）小さく　（4）4.6

工程能力指数＝1 は、データの分布の幅と規格の幅がほぼ等しいことを表します。1 を超えると規格の幅に対して分布の幅が小さいことを表し、また、1 を下回ると規格外が発生していることを表します。

この問題の工程能力指数 C_p は 1.17 なので、規格の幅に対して分布の幅は若干小さいことがわかります。また、かたよりを考慮した C_{pk} は 0.67 なので、規格外が発生しています。加えて、平均値 4.5g、規格上限値 5.0g、規格下限値 4.3g という条件より、分布は規格下限側に寄っているとわかります。分布が規格下限側に寄っており、分布の幅が規格の幅よりも小さく、規格外が発生しているヒストグラムは選択肢ウのみです。

ヒストグラムより、工程能力を改善するためには、分布の平均値を上げて規格の中央に近づけ、ばらつきを小さくします。

標準偏差 s を変化させずに $C_{pk} = 1$ に改善する平均値 $\bar{x}$ は、次のように式を立てて求めます。

$$C_{pk} = \frac{\text{平均値に近い方の規格値と平均値の差}}{3s}$$

$$1.00 = \frac{\bar{x} - 4.3}{3 \times 0.1}$$

$$\bar{x} = 1.00 \times 3 \times 0.1 + 4.3 = 4.6$$

参考

5章の管理図で学習した管理限界線（*UCL*、*LCL*）は、中心線（*CL*）から両側へ3σ※9の距離に設定されます。工程が安定状態にあるときは、*UCL*と*LCL*の間に99.7％の点が入ります。これを言い換えると、工程が安定状態にあるときに点が管理限界線の外側に出る確率は1000回に3回で、0.3％です。

※9　σは母標準偏差を表す記号です。

参考

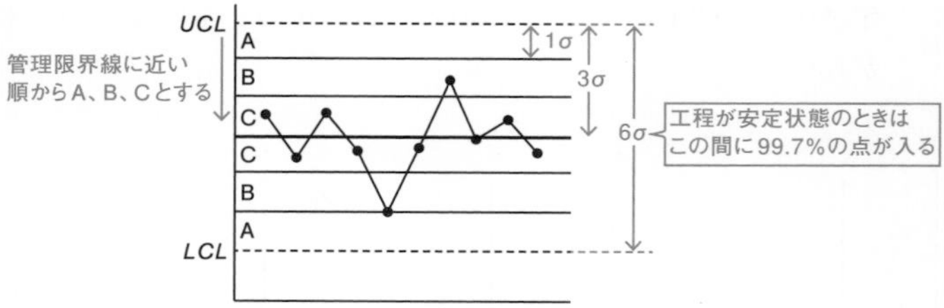

これをもとに工程能力指数について考えてみます。

工程の製品のデータ（正規分布に従う）と規格値との関係を考えてみると、データは99.7%が平均値±3σ（6σの幅）に入るので、規格の上限値と下限値を平均値±3σの位置に設定すると、1000個中3個しか規格外の製品が発生しないことになります。このときの工程能力指数は1になります。

$$C_p = \frac{\text{規格上限値}-\text{規格下限値}}{6\sigma} = \frac{6\sigma}{6\sigma} = 1$$

規格の幅を6σよりも広く設定すると、そのぶん規格外の製品が発生する確率が減ります。規格幅を両側に1σずつ余裕を持たせ、8σ（規格値を平均値±4σ）に設定すると、工程能力指数は1.33になります。「工程能力指数=1.33以上で工程能力が十分」という評価基準は、規格外の製品が頻繁に発生しない余裕を持たせたものということです。

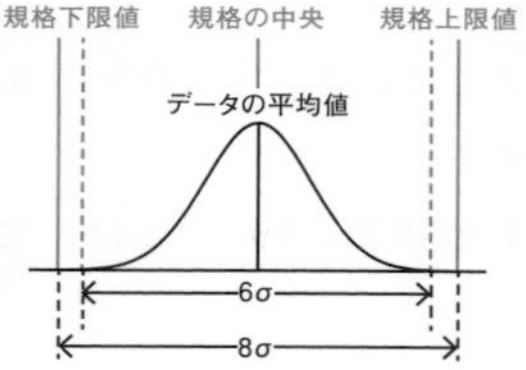

規格幅6σのとき（------）

$$C_p = \frac{\text{規格上限値}-\text{規格下限値}}{6\sigma} = \frac{6\sigma}{6\sigma} = 1$$

規格幅8σのとき（——）

$$C_p = \frac{\text{規格上限値}-\text{規格下限値}}{6\sigma} = \frac{8\sigma}{6\sigma} \fallingdotseq 1.33$$

平均値が規格の中央からずれている場合は、データのばらつきが規格内に収まる余裕が左右で異なるので、かたよりを考慮した工程能力指数C_{pk}を計算します。C_{pk}は余裕がない方（規格外の製品が発生しやすい方）の規格値を用いて計算します。また、データのばらつきも片側だけ考えるので、分母は6σではなく3σで計算します。

$$C_{pk} = \frac{\text{平均値に近い方の規格値と平均値の差}}{3\sigma}$$

実際には、工程能力指数は母集団から抜き出したデータで計算するので、記号は母標準偏差σではなく標準偏差sを用います。

試験に向けて覚えておくことは、「工程能力は平均値±3σで表す」「工程能力指数が1のときは規格の幅が6σ」「工程能力指数が1のとき（規格の幅が6σのとき）は規格外の製品が発生する確率は0.3%」です。

参考

規格外が発生する確率の求め方について試験で問われることもあります。規格外が発生する確率は、データの分布を標準正規分布に変換し、正規分布表から確率Pを読み取って求めます。

例：平均4.5g、標準偏差0.1gの正規分布に従うデータxが、規格下限値4.3gを下回る確率

$$Z=\frac{x-\mu}{\sigma}=\frac{4.3-4.5}{0.1}=-2.0$$

正規分布表より、$|Z|=K_P=2.00$における確率Pを探すと、0.0228を読み取ることができます。

(I) K_PからPを求める表

K_P	*=0	1	2	3	4	5	6	7	8	9
0.0*	**.5000**	.4960	.4920	.4880	.4840	**.4801**	.4761	.4721	.4681	.4641
0.1*	**.4602**	.4562	.4522	.4483	.4443	**.4404**	.4364	.4325	.4286	.4247
0.2*	**.4207**	.4168	.4129	.4090	.4052	**.4013**	.3974	.3936	.3897	.3859
0.3*	**.3821**	.3783	.3745	.3707	.3669	**.3632**	.3594	.3557	.3520	.3483
0.4*	**.3446**	.3409	.3372	.3336	.3300	**.3264**	.3228	.3192	.3156	.3121
1.8*	**.0359**	.0351	.0344	.0336	.0329	**.0322**	.0314	.0307	.0301	.0294
1.9*	**.0287**	.0281	.0274	.0268	.0262	**.0256**	.0250	.0244	.0239	.0233
2.0*	**.0228**	.0222	.0217	.0212	.0207	**.0202**	.0197	.0192	.0188	.0183
2.1*	**.0179**	.0174	.0170	.0166	.0162	**.0158**	.0154	.0150	.0146	.0143
2.2*	**.0139**	.0136	.0132	.0129	.0125	**.0122**	.0119	.0116	.0113	.0110
2.3*	**.0107**	.0104	.0102	.0099	.0096	**.0094**	.0091	.0089	.0087	.0084

K_P=2.00からPを求めるには「2.0*」の行と「*=0」の列が交わるところの数値を選ぶ

CHAPTER

6
重要ポイントのまとめ

POINT

1 工程能力指数

❶工程能力指数は、工程が安定状態にあるときに、データのばらつきがどのくらいの余裕を持って規格内に収まるかを数値で測る指標。

❷工程能力指数の公式

$$両側規格の\ C_p = \frac{規格上限値 - 規格下限値}{6s}$$

$$かたよりを考慮した\ C_{pk} = \frac{平均値に近い方の規格値と平均値の差}{3s}$$

$$片側規格の\ C_p = \frac{規格値と平均値の差}{3s}$$

❸工程能力指数の評価基準

工程能力指数	評価基準
工程能力指数≧1.33	工程能力は十分である
1.00≦工程能力指数<1.33	工程能力はやや不足している
工程能力指数<1.00	工程能力は不足している

❹工程能力を改善するためには、分布の平均値を規格の中央に近づけ、ばらつきを小さくする。

予想問題　問題

問題 1　工程能力指数の求め方と評価

［　　］内に入る最も適切なものを選択肢から選べ。

工程能力指数 C_p は、規格値が両側にある場合は、工程の標準偏差を s とすると、規格幅を［(1)］で除した値として求める。規格値が片側にしかない場合は、平均値と規格値の差を［(2)］で除した値として求める。

平均値が規格の中央からずれている場合、かたよりを考慮した工程能力指数 C_{pk} を求める。C_{pk} は、平均値から［(3)］方の規格値を用いて平均値との差を求め、［(2)］で除して求める。

C_p と C_{pk} の値が大きいほど工程能力は［(4)］。工程能力指数が［(5)］以上の場合、工程能力は十分であるといえる。

【［(1)］～［(5)］の選択肢】

ア．s　イ．$3s$　ウ．$6s$　エ．近い　オ．遠い　カ．低い　キ．高い

ク．1.00　ケ．1.33

(1)	(2)	(3)	(4)	(5)

問題 2　工程能力指数の計算

［　　］内に入る最も適切なものを選択肢から選べ。なお、確率を求める際は 2 章 p.28 の正規分布表を参照すること。

ある工程で製造される製品の重量について、規格外がたびたび発生していたため、管理図を用いて分析を行ったところ、この工程は統計的管理状態にあることがわかった。この結果から、常に規格外れが生産されている可能性があるため、ヒストグラムを作成するとともに、工程能力指数を把握した。

この工程で製造される製品の重量は正規分布に従い、平均値 10.2g、標準偏差 1.1g である。この製品の規格上限値は 15.0g、規格下限値は 7.0g である。

工程能力指数を計算すると、C_p の値は (1) 、かたよりを考慮した工程能力指数 C_{pk} の値は (2) である。この計算結果より、C_p は (3) 、C_{pk} は (4) と評価した。これを表したヒストグラムは (5) である。この工程で製造される製品の重量が規格下限値を下回る確率は (6) である。

工程能力を改善するためには、重量の平均値を (7) 、ばらつきを (8) する必要がある。平均値が 10.2g のままで、$C_p = 1.33$ とするためには、標準偏差の値を (9) にする必要があり、$C_{pk} = 1.33$ とするためには、標準偏差の値を (10) にする必要がある。また、標準偏差が 1.1g のままで $C_{pk} = 1.00$ とするためには、平均値を (11) にする必要がある。

【 (1) ～ (11) の選択肢】

ア．0.0018　イ．0.80　ウ．0.97　エ．1.00　オ．1.21
カ．2.91　キ．10.3　ク．下げ　ケ．上げ　コ．小さく
サ．大きく　シ．工程能力は十分　ス．工程能力はやや不足
セ．工程能力は不足

ソ．

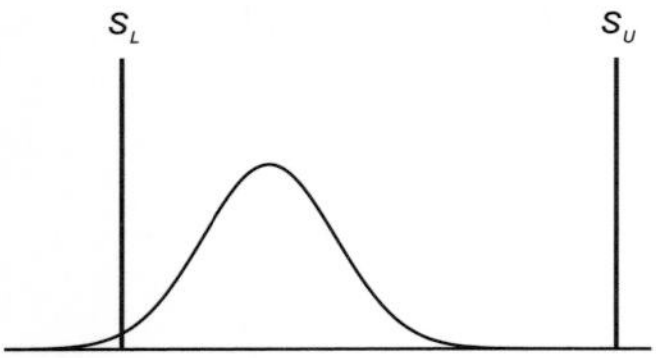

タ．

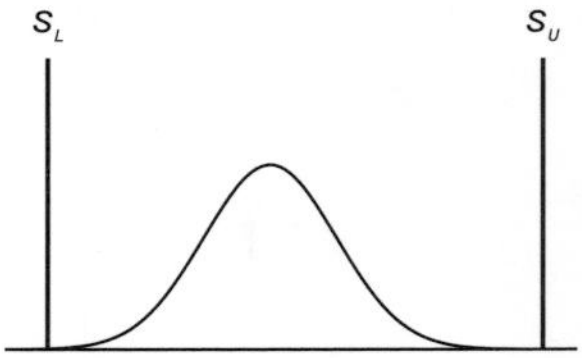

(1)	(2)	(3)	(4)	(5)	(6)	(7)	(8)	(9)

(10)	(11)

予想問題 解答解説

問題 1　工程能力指数の求め方と評価

【解 答】　(1) ウ　(2) イ　(3) エ　(4) キ　(5) ケ

POINT

工程能力指数は、安定状態にある工程が品質を実現する能力（工程能力）を測る指標です。

この問題のような穴埋めの形式で工程能力指数の求め方を問われることがあるため、工程能力指数を求める公式 3 種類（両側規格の C_p、かたよりを考慮した C_{pk}、片側規格の C_p）は必ず覚えておきましょう。また、工程能力指数の評価基準についても覚えておきましょう。1.33 以上で工程能力は十分、1.00 以上 1.33 未満でやや不足、1.00 未満で不足です。

問題 2　工程能力指数の計算

【解 答】　(1) オ　(2) ウ　(3) ス　(4) セ　(5) ソ　(6) ア
(7) ケ　(8) コ　(9) エ　(10) イ　(11) キ

【解き方】

(1)(2) 工程能力指数 C_p とかたよりを考慮した工程能力指数 C_{pk} の値を計算します。なお、規格上限値と規格下限値が定められている両側規格です。

$$C_p = \frac{\text{規格上限値} - \text{規格下限値}}{6s} = \frac{15.0 - 7.0}{6 \times 1.1} \fallingdotseq 1.21$$

$$C_{pk} = \frac{\text{平均値に近い方の規格値と平均値の差}}{3s} = \frac{10.2 - 7.0}{3 \times 1.1} \fallingdotseq 0.97$$

(3)(4) よって、C_p はやや不足、C_{pk} は不足となります。

(5) また、C_{pk} が 1 を下回っているため、規格外が発生しています。

(6) 規格下限値を下回る確率は、データの分布を標準正規分布に変換し、正規分布表から確率 P を読み取って求めます。

$$Z = \frac{x - \mu}{\sigma} = \frac{7.0 - 10.2}{1.1} \fallingdotseq -2.91$$

正規分布表より、$|Z| = K_P = 2.91$ における確率 P を探すと、0.0018 を読み取ることができます。

(I) K_P から P を求める表

K_P	***=0**	1	2	3	4	**5**	6	7	8	9
0.0*	**.5000**	.4960	.4920	.4880	.4840	**.4801**	.4761	.4721	.4681	.4641
0.1*	**.4602**	.4562	.4522	.4483	.4443	**.4404**	.4364	.4325	.4286	.4247
0.2*	**.4207**	.4168	.4129	.4090	.4052	**.4013**	.3974	.3936	.3897	.3859
0.3*	**.3821**	.3783	.3745	.3707	.3669	**.3632**	.3594	.3557	.3520	.3483
0.4*	**.3446**	.3409	.3372	.3336	.3300	**.3264**	.3228	.3192	.3156	.3121
2.7*	**.0035**	.0034	.0033	.0032	.0031	**.0030**	.0029	.0028	.0027	.0026
2.8*	**.0026**	.0025	.0024	.0023	.0023	**.0022**	.0021	.0021	.0020	.0019
2.9*	**.0019**	.0018	.0018	.0017	.0016	**.0016**	.0015	.0015	.0014	.0014
3.0*	**.0013**	.0013	.0013	.0012	.0012	**.0011**	.0011	.0011	.0010	.0010

$K_P = 2.91$ から P を求めるには「2.9*」の行と「*=1」の列が交わるところの数値を選ぶ

(7) (8) 工程能力を改善するためには、平均値を規格の中央に近づけるために上げ、ばらつきを小さくする必要があります。

(9) 平均値を変化させずに工程能力指数を改善するためには、標準偏差 s の値を小さくする必要があります。

$$C_p = \frac{\text{規格上限値} - \text{規格下限値}}{6s}$$

$$1.33 = \frac{15.0 - 7.0}{6 \times s}$$

$$s = \frac{15.0 - 7.0}{6 \times 1.33} \fallingdotseq 1.00$$

(10) C_p と同じようにして $C_{pk} = 1.33$ となる標準偏差 s の値を求めます。

$$C_{pk} = \frac{\text{平均値に近い方の規格値と平均値の差}}{3s}$$

$$1.33 = \frac{10.2 - 7.0}{3 \times s}$$

$$s = \frac{10.2 - 7.0}{3 \times 1.33} \fallingdotseq 0.80$$

(11) 標準偏差 s を変化させずに $C_{pk} = 1.00$ に改善する平均値 $\bar{x}$ は、次のように求めます。

$$C_{pk} = \frac{\text{平均値に近い方の規格値と平均値の差}}{3s}$$

$$1.00 = \frac{\bar{x} - 7.0}{3 \times 1.1}$$

$$\bar{x} = 1.00 \times 3 \times 1.1 + 7.0 = 10.3$$

POINT

工程能力指数の計算と評価はよく出題されます。また、ヒストグラムから工程能力指数を評価する問題も出題されます。

ヒストグラムから工程能力指数を評価するときは、ヒストグラムの底辺の長さと規格幅を比べます。底辺の長さと規格幅がほぼ同じだと $C_p = 1$、底辺の長さが規格幅より小さいと C_p は 1 を超え、底辺の長さが規格幅より大きいと C_p は 1 を下回っているということがわかります。また、C_p が 1 を下回っているときは、規格外が発生しています。

この問題では、C_p が 1 を超えているため、ヒストグラムの幅は規格幅より小さいことがわかります。また、かたよりを考慮した C_{pk} は 1 を下回っているので、規格外が発生しています。加えて、平均値 10.2g、規格上限値 15.0g、規格下限値 7.0g という条件より、分布は規格下限側に寄っていると考えられます。分布が規格下限側に寄っており、ヒストグラムの幅が規格の幅よりも小さく、規格外が発生しているヒストグラムは選択肢ソです。

工程能力指数を求める公式と評価基準は必ず覚え、加えて、ヒストグラムと工程能力指数の関係についても理解しておきましょう。

CHAPTER 7

CHAPTER

7 新QC七つ道具

ほぼ毎回出題されます。
手法の名前と概要、図のイメージを覚えておけば
解ける問題がほとんどです。

★★★ 内容を深く理解しているレベル
★★ 定義と基本的な考え方を理解しているレベル
★ 言葉を知っているレベル

1 親和図法

★★

P157

出題分析 毎回平均 0.8/100点

第20回:0点	第21回:2点	第22回:0点	第23回:0点
第24回:1点	第25回:2点	第26回:0点	第27回:1点
第28回:1点	第30回:1点	第31回:0点	第32回:2点

混沌とした問題を言語で表現して、似たものをグループにして整理し、解決すべき問題の全体像を明らかにする手法です。

2 連関図法

★★

P158

出題分析 毎回平均 1.3/100点

第20回:0点	第21回:1点	第22回:3点	第23回:2点
第24回:1点	第25回:2点	第26回:2点	第27回:1点
第28回:1点	第30回:1点	第31回:1点	第32回:1点

原因と結果が複雑に絡み合う問題の因果関係を矢印でつないで整理し、問題の構造や根本原因を明らかにする手法です。

3 系統図法

★★

P159

出題分析 毎回平均 1.0/100点

第20回:2点	第21回:1点	第22回:0点	第23回:0点
第24回:2点	第25回:3点	第26回:0点	第27回:1点
第28回:1点	第30回:1点	第31回:0点	第32回:1点

目的を達成するための手段を系統的に展開して、最適な手段を追求する手法です。

4 マトリックス図法

★★
P160

出題分析
毎回平均 0.9/100点

第20回:2点	第21回:1点	第22回:2点	第23回:2点
第2+4回:1点	第25回:0点	第26回:0点	第27回:1点
第28回:1点	第30回:0点	第31回:0点	第32回:1点

行と列の交点で、要素同士の関係性や関連の度合いを示す手法です。

5 アローダイアグラム法

★★
P161

出題分析
毎回平均 0.6/100点

第20回:2点	第21回:1点	第22回:0点	第23回:0点
第24回:0点	第25回:0点	第26回:2点	第27回:1点
第28回:0点	第30回:1点	第31回:0点	第32回:0点

計画を進めるために必要な作業の相互関係を矢印で示し、効率よく進捗管理をするための手法です。

6 PDPC法

★★
P162

出題分析
毎回平均 1.0/100点

第20回:0点	第21回:1点	第22回:3点	第23回:2点
第24回:0点	第25回:0点	第26回:2点	第27回:1点
第28回:1点	第30回:1点	第31回:0点	第32回:1点

起こり得る問題を事前に予測して、想定されるリスクを回避し、結果をできるだけ良い状態に導くための手法です。

7 マトリックスデータ解析法

★★
P163

出題分析
毎回平均 0.3/100点

第20回:0点	第21回:1点	第22回:0点	第23回:0点
第24回:0点	第25回:0点	第26回:0点	第27回:0点
第28回:0点	第30回:0点	第31回:0点	第32回:2点

二元的に（行と列に）まとめられた数値データを散布図で表し、データ全体を見通しよく整理する手法です。

0 新QC七つ道具とは

QC七つ道具との比較

QC七つ道具は主に数値データを解析して問題の解決を進める手法です。これに対して、新QC七つ道具は主に言語データを解析して言葉の情報を見える化し、問題の解決を進める手法です。共通点はどちらも問題解決のために活用する点です。

覚える！

《 問題解決の手法 》

QC七つ道具
データ ─┬─ 数値データ ─┬─ 計量値…長さや重さなどの連続量
　　　　│　　　　　　　└─ 計数値…不適合品数などの数えるもの
　　　　└─ 言語データ…言葉で表現するデータ
新QC七つ道具

3級の試験では、新QC七つ道具は定義と基本的な考え方を理解しているレベルで十分です。

参考
数値データがある製造部門ではQC七つ道具を活用できますが、市場調査を行う営業部門では言語データしか用意できない場合があります。そんなときに使うのが新QC七つ道具です。

1 親和図法

毎回平均 0.8/100点

混沌とした問題を言語で表現して、似たものをグループにする

親和図法は、混沌とした問題を言語で表現して、関係のある内容をグルーピングして整理し、ラベル付けをして、解決すべき問題を明らかにする手法です。「混沌とした」とは、はっきりとしていない、という意味です。はっきりとしていない問題を言葉で表現して、似たイメージのものをグループ分けすることによって、はっきりさせていこう、という手法です。

覚える！

《 親和図法 》

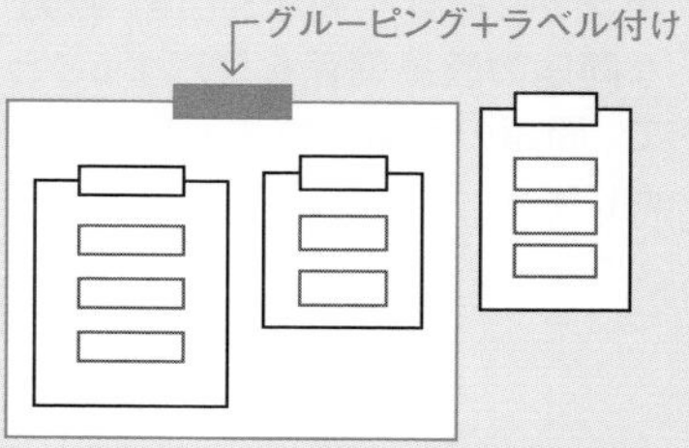

親和図法
混沌とした問題についての事実や意見などを言語データとしてとらえ、イメージの似たもの（親和性の高いもの）をまとめることで、解決すべき問題の全体像を明らかにする

参考

重要なキーワードは「混沌」「グルーピング」です。

2 連関図法

毎回平均 1.3/100点

原因と結果が複雑に絡み合う問題の因果関係を矢印でつないで整理する

連関図法は、原因と結果が複雑に絡み合った問題に対して、その因果関係を論理的に矢線（矢印）でつないで整理することで、問題の構造を明らかにする手法です。原因から結果に向けて矢印を引きます。「原因と結果」以外にも、「要因と問題」「手段と目的」などにも用います。

覚える！

《 連関図法 》

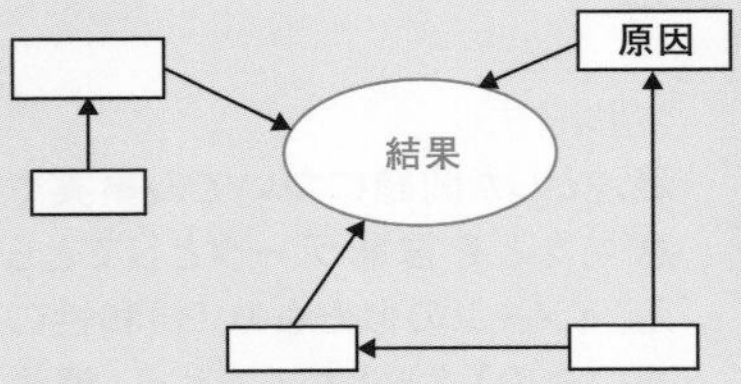

連関図法
原因から結果へ矢印を引き、複雑な問題の因果関係を整理することで、問題の構造や根本原因を明らかにする

参考

重要なキーワードは「原因と結果」「複雑」「矢線」「論理的」「因果関係」です。連関図法は、工程における特性と要因の因果関係を明らかにする「工程解析」で用いることがあります。

3 系統図法

毎回平均 1.0/100点

目的達成のための手段を系統的に展開して、最適な手段を追求する

系統図法は、目的を達成するための手段を系統的に展開して、最適な手段を追求する手法です。「系統的に」とは、順番に階層を掘り下げていく、ということで、「こんな感じで対策しよう」という大雑把な手段から、「この道具を使おう」という具体的な手段まで展開するということです。

系統図法は問題解決の目的達成のための手段を選ぶ段階で用います。数多くの手段から最適な手段を追求するのに有効です。

覚える!

《 系統図法 》

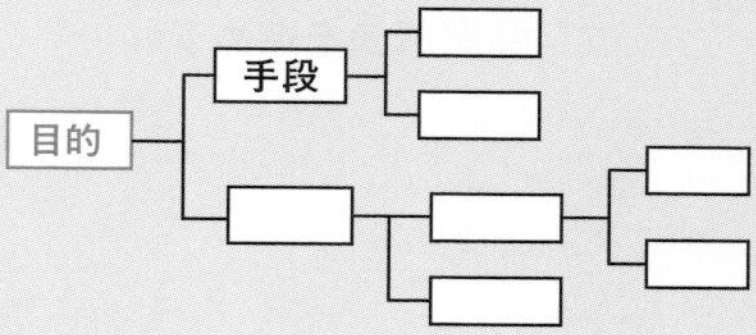

系統図法

目的を達成するための多くの手段を、具体的な手段まで1次手段、2次手段、3次手段へと系統的に展開する

参考

系統図はトーナメント表のような形をしています。連関図法と似ていますが、系統図法は要素と要素を結ぶ線は矢印ではない点が特徴です。重要なキーワードは「系統的」「階層」です。

参考

系統図法は、方策展開型と構成要素展開型の二つに大別できます。方策展開型では、目的達成のための手段を掘り下げて最適解を得ようとします。構成要素展開型は、構成要素同士の関連などを確認するために用います。

4 マトリックス図法

毎回平均 **0.9**/100点

行と列の交点で要素同士の関係を示す

マトリックス図法は、行と列との交点で、要素同士の関係性や、関連の度合いを示す手法です。たとえば、問題とその改善活動について有効性があるのか、◎、○、△、×などの記号を用いて表に整理し、交点の要素に着目して問題解決を効果的に進めていきます。マトリックスは「行列」を意味する言葉です。

覚える！

《 マトリックス図法 》

	効果	費用	実現性			
方法A	◎	△	○			
方法B	○	○	○			
方法C	△	◎	◎			

マトリックス図法

問題に関連する要素同士を組み合わせて考えることによって、問題解決を進める

参考

重要なキーワードは「行と列（マトリックス）」「交点」です。

参考

マトリックス図にはL型などの種類があります。
L型は、上の図のような形で、一方の要素を行側に、もう一方の要素を列側に配置して表を作成し、関連の有無や度合いを交点に表示します。

5 アローダイアグラム法

毎回平均 0.6/100点

作業と日程の関連性を矢印で示して効率よく進捗管理をする

アローダイアグラム法は、計画を進めるために必要な作業の相互関係を矢線（矢印）で表し、最適な日程計画を立て、効率よく進捗管理をするために用いる手法です。重要な作業を明確にして、作業の順番をどうすれば最短の日程でできるのか等を考えるときに使います。

覚える！

《 アローダイアグラム法 》

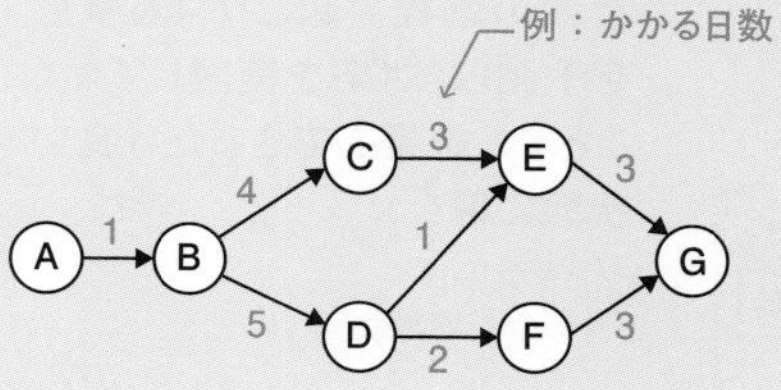

アローダイアグラム法

計画を進めていくために必要な作業について、順序やかかる日数を図にまとめることで、計画全体の流れを明らかにする

参考

重要なキーワードは「計画」「作業」「矢線（矢印）」です。ポイントは、アローダイアグラムは因果関係を表すのではなく日程計画を表す図であることです。

6 PDPC法

毎回平均 1.0/100点

事前に問題を予測して、結果を良い方向に導く

PDPC法は、事前に考えられる問題を予測し、想定されるリスクを回避して、結果を可能な限り良い方向に導くために用いる手法です。不測の事態が発生したときにとるべき行動や判断基準をあらかじめ決めておくことによって、確実に目的を達成するルートを見つけることができます。

覚える！

《 PDPC法 》

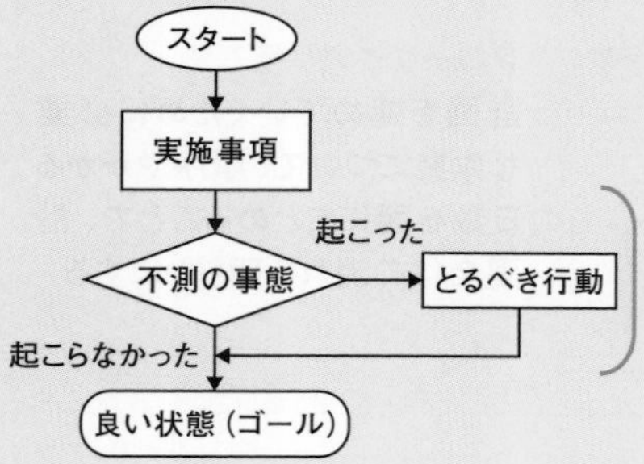

リスクを想定し
対応を検討しておく

PDPC法
計画の過程で起こり得る事態を予測し、対応を検討しておくことで、結果をできるだけ良い状態に導く

参考
重要なキーワードは「予測」「リスク」「できるだけ良い方向」です。アローダイアグラム法と似ていますが、PDPC法の特徴は「トラブルを事前に予測」する点です。

7 マトリックスデータ解析法

毎回平均 0.3/100点

多くの数値データを見通しよく整理する

マトリックスデータ解析法は、二元的に（行と列に）まとめられた数値データを散布図で表し、多くの数値データを見通しよく整理する手法です。新 QC 七つ道具ですが、数値データを扱う手法です。

覚える！

《 マトリックスデータ解析法 》

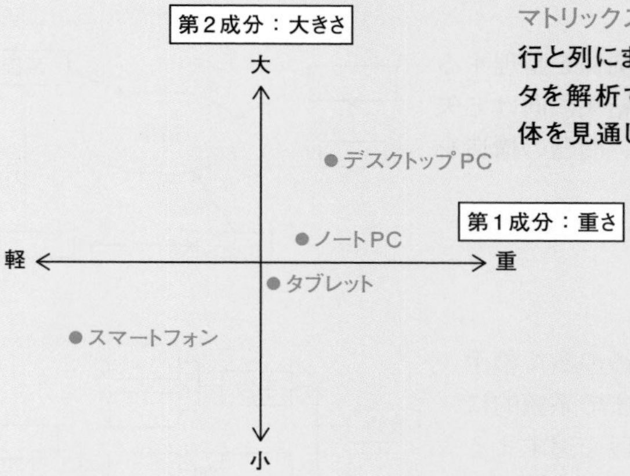

マトリックスデータ解析法
行と列にまとめられた数値データを解析することで、データ全体を見通しよく整理する

参考	重要なキーワードは「二元的」「数値データ」「見通しよく」です。

CHAPTER 7

重要ポイントのまとめ

POINT

1 親和図法

混沌とした問題を言語で表現して、イメージの似たものをグルーピングして整理し、ラベル付けをして、解決すべき問題を明らかにする手法。

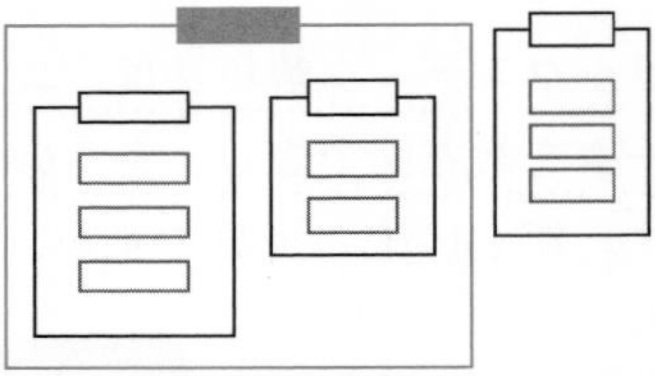

2 連関図法

原因と結果の因果関係を整理するために、原因から結果に向けて矢線（矢印）を引き、問題の構造を明らかにする手法。

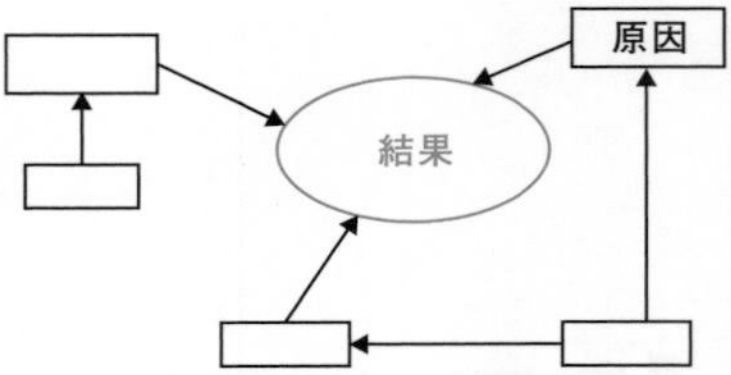

3 系統図法

目的を達成するための多くの手段を具体的な手段まで系統的に展開し、最適な手段を追求する手法。

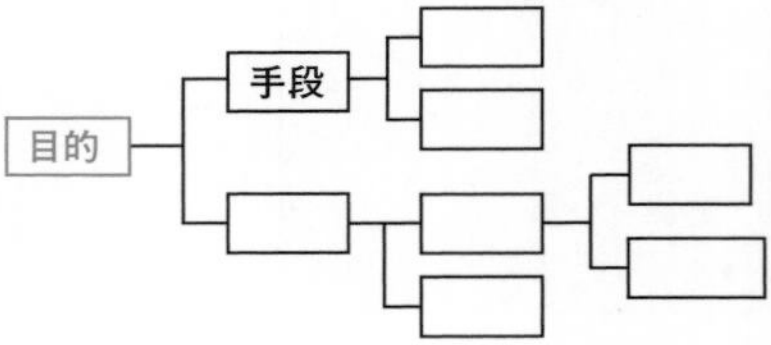

4 マトリックス図法

問題に関連する要素同士を表にまとめ、行と列の交点で要素同士の関係性や関連の度合いを示す手法。

	効果	費用	実現性			
方法A	◎	△	○			
方法B	○	○	○			
方法C	△	◎	◎			

5 アローダイアグラム法

計画を進めるために必要な作業の相互関係を矢線（矢印）で表し、最適な日程計画を立て、効率よく進捗管理をする手法。

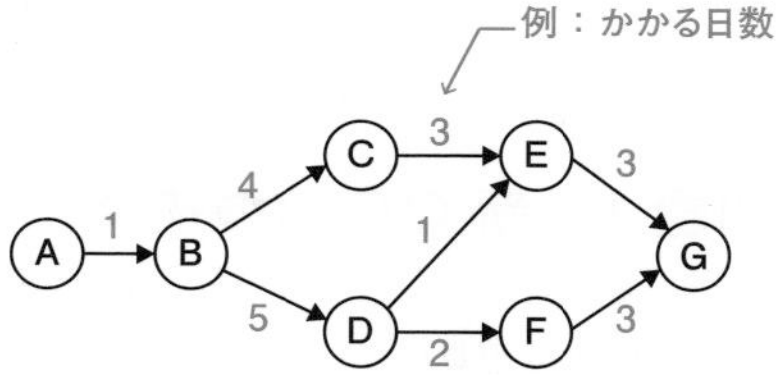

6 PDPC法

事前に考えられる問題を予測し、対応を検討することで、結果を可能な限り良い状態に導く手法。

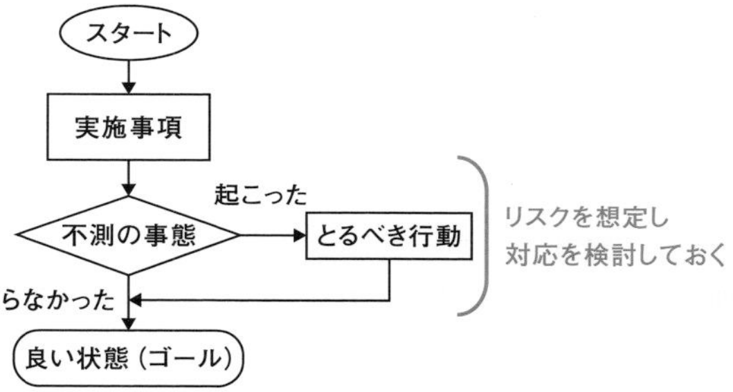

7 マトリックスデータ解析法

二元的に（行と列に）まとめられた数値データを散布図で表し、データ全体を見通しよく整理する手法。

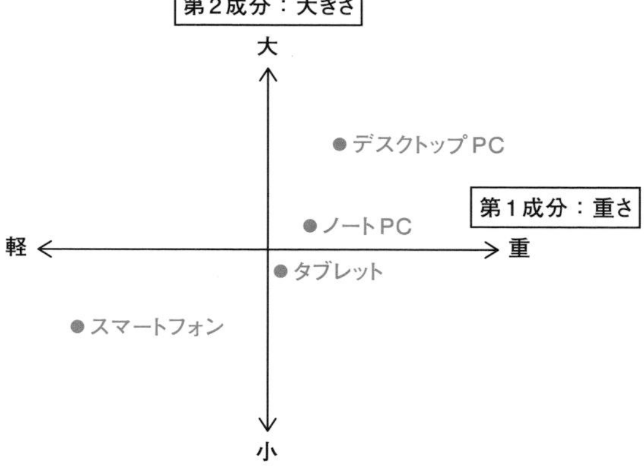

予想問題　問題

問題 1　新 QC 七つ道具

新 QC 七つ道具について、それぞれの手法に対応する説明と図を選べ。

① 親和図法　説明 (1)　図 (8)

② 連関図法　説明 (2)　図 (9)

③ 系統図法　説明 (3)　図 (10)

④ マトリックス図法　説明 (4)　図 (11)

⑤ アローダイアグラム法　説明 (5)　図 (12)

⑥ PDPC 法　説明 (6)　図 (13)

⑦ マトリックスデータ解析法　説明 (7)　図 (14)

【 (1) ～ (7) の選択肢】

ア．混沌とした問題を言語で表現し、似たものをまとめて解決すべき問題を明らかにする。

イ．行と列の交点で要素同士の関係性や関連の度合いを示す。

ウ．目的を達成するための手段を系統的に展開し、最適な手段を得る。

エ．事前に考えられる事態を予測し、対応を検討しておくことで、良い結果に導く。

オ．原因と結果が複雑に絡み合う問題の因果関係を矢線でつないで整理し、問題の構造を明らかにする。

カ．二元的にまとめられた数値データを見通しよく整理する。

キ．計画を進めるために必要な作業の相互関係を矢線で表し、進捗管理を行う。

【(8)～(14)の選択肢】

ア．

	効果	費用	実現性			
方法A	◎	△	○			
方法B	○	○	○			
方法C	△	◎	◎			

イ．

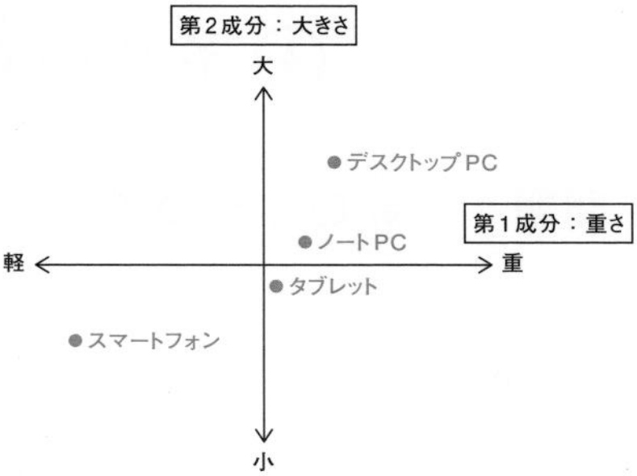

ウ．

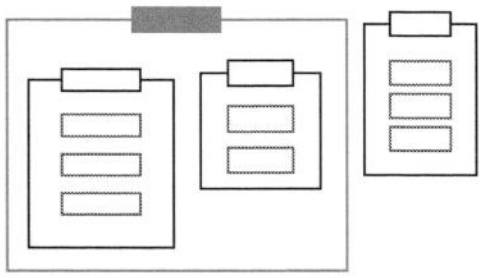

エ．

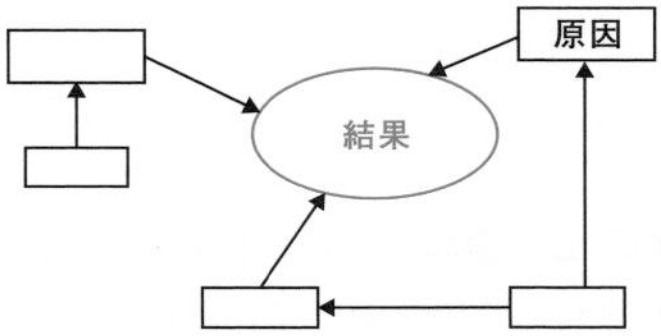

オ．

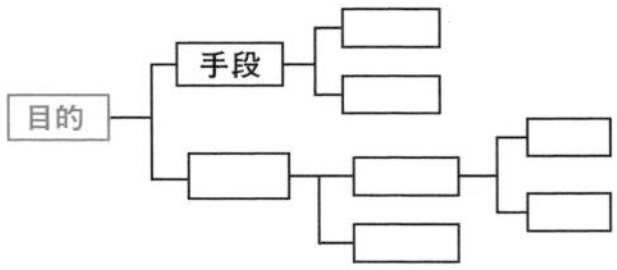

カ．

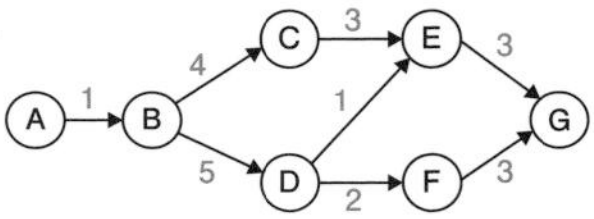

キ．

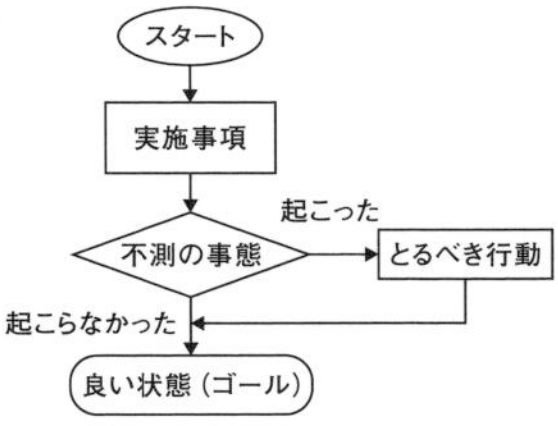

(1)	(2)	(3)	(4)	(5)	(6)	(7)	(8)	(9)

(10)	(11)	(12)	(13)	(14)

予想問題 解答解説

問題1　新QC七つ道具

【解答】　(1) ア　(2) オ　(3) ウ　(4) イ　(5) キ　(6) エ
(7) カ　(8) ウ　(9) エ　(10) オ　(11) ア　(12) カ
(13) キ　(14) イ

POINT

新QC七つ道具からはほぼ毎回出題され、深く掘り下げた問題や変わった問題は出題されにくい傾向です。出題の形式はこの問題と似た形式が多いため、何度か復習しておくと確実な得点源になります。

CHAPTER 8

CHAPTER 8

品質管理の基本

8章からは品質管理の実践的な考え方を学びます。
この章では、多くの用語を覚える必要があります。
基本は暗記です。
まずは暗記をして、後から理解を深めましょう。

★★★ 内容を深く理解しているレベル
★★ 定義と基本的な考え方を理解しているレベル
★ 言葉を知っているレベル

8章の構成

1 品質の種類

★★
P172

出題分析 毎回平均 4.1/100点

第20回:4点	第21回:5点	第22回:1点	第23回:3点
第24回:5点	第25回:0点	第26回:4点	第27回:4点
第28回:8点	第30回:4点	第31回:6点	第32回:5点

品質の定義や、さまざまな品質の種類について学びます。よく出題される範囲なので、色字を中心に覚えましょう。

2 品質優先の考え方

★★★
P175

出題分析 毎回平均 1.2/100点

第20回:1点	第21回:2点	第22回:1点	第23回:0点
第24回:3点	第25回:0点	第26回:1点	第27回:3点
第28回:1点	第30回:0点	第31回:1点	第32回:1点

品質管理では、顧客満足(CS)を得ることを重視しています。「マーケットイン」と「プロダクトアウト」はセットで覚えておきましょう。

3 工程の管理

★★★ P177

出題分析 毎回平均 7.3/100点

第20回:8点	第21回:4点	第22回:11点	第23回:0点
第24回:6点	第25回:9点	第26回:8点	第27回:20点
第28回:5点	第30回:3点	第31回:8点	第32回:5点

ここで学ぶ「プロセス重視」の考え方は非常に重要です。内容をよく理解していないと解けない問題も出題されるので、何度か復習しましょう。

4 維持と改善

★★★ P184

出題分析 毎回平均 1.8/100点

第20回:4点	第21回:0点	第22回:1点	第23回:1点
第24回:7点	第25回:1点	第26回:0点	第27回:0点
第28回:2点	第30回:5点	第31回:0点	第32回:1点

管理のサイクルについて学びます。覚えることは少ないため、内容を理解することに重点を置いて学習しましょう。

5 QCストーリー

★★★ P186

出題分析 毎回平均 6.1/100点

第20回:8点	第21回:6点	第22回:8点	第23回:7点
第24回:0点	第25回:10点	第26回:8点	第27回:6点
第28回:0点	第30回:3点	第31回:11点	第32回:6点

QCストーリーとは、継続的な改善活動を行うための手順のことで、問題解決型と課題達成型があります。問題解決型の手順については詳細な内容まで覚えておく必要があります。課題達成型については手順の概要を覚えておきましょう。

1 品質の種類

毎回平均 4.1/100点

品質とは

品質とは「本来備わっている特性※1の集まりが、要求事項を満たす程度」と定義されています。

※1 特性とは、製品やサービスなどが持つ特徴的な性質のこと。

要求品質とは、顧客が求めている製品やサービスの品質のことです。要求品質は使用品質とも呼ばれます。

品質要素とは、製品を評価する項目のことです。品質要素を客観的に評価する指標のことを品質特性といいます。

代用特性とは、品質特性を直接測定することが難しい場合に、代わりに用いる特性のことです。

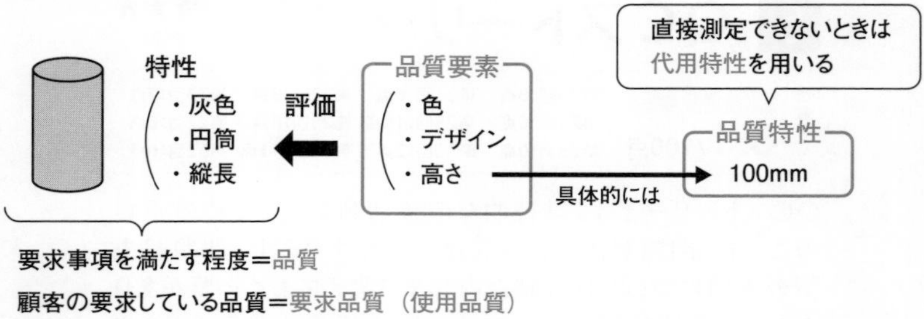

参考	味や見た目など、人の感覚器官で評価する品質特性を官能特性といいます。

ねらいの品質とできばえの品質

ねらいの品質とは、設計段階で製品の製造の目標として定めた品質のことで、設計品質とも呼びます。

できばえの品質とは、ねらいの品質を目指して製造した製品の実際の品質のことで、製造品質とも呼びます。できばえの品質（製造品質）は、ねらいの品質（設計品質）に対して、製品やサービスがどれくらい適合しているかを示すものなので、適合の品質とも呼びます。

製造工程では、ねらいの品質（設計品質）に適合した製品を、QCD※2 を満足させるように製造することが必要です。

※2 QCD とは、品質（Quality）・コスト（Cost）・納期（Delivery）のこと

当たり前品質と魅力的品質

当たり前品質とは、あって当たり前だと感じ、ないと不満を感じる品質要素のことです。

魅力的品質とは、なくても不満はないが、あると満足を感じる品質要素のことです。

参考	たとえばエアコンだと、冷房で部屋が冷えるのは当たり前品質で、追加でAIや空気清浄機能などがついていることは魅力的品質です。

サービスの品質、仕事の品質

サービスの品質とは、提供したサービスが顧客の満足を得られた程度のことで、クレームや苦情への対応の満足度もサービスの品質です。

仕事の品質は、製品やサービスのために行う仕事のできばえのことです。より良い仕事をすることが仕事の質を高めることにつながります。

社会的品質

社会的品質とは、製品やサービスが第三者に与える迷惑の程度のことで、排気ガスが第三者に与える影響などが社会的品質にあたります。社会的品質を満たすことは、第三者に与える迷惑がある程度以下であることを表します。第三者とは、生産者と顧客以外の不特定多数のことです。

参考

試験でよく出題されるのは、「品質の定義」「品質要素・品質特性・代用特性」「ねらいの品質（設計品質）・できばえの品質（製造品質）」「当たり前品質・魅力的品質」です。

2 品質優先の考え方

毎回平均 1.2/100点

品質優先、品質第一は基本となる考え方

品質管理は組織全体で行うものです。短期的な利益よりも、品質を高めることを優先する考え方を品質優先や品質第一といいます。品質優先（品質第一）の考え方に従って、全部門、全員参加で品質管理に取り組むことが重要です。

マーケットイン、プロダクトアウトはセットでよく出題される

品質優先の考え方では、生産者の立場を優先するよりも、顧客の立場を優先し、顧客が求めている製品やサービスを提供することが大切です。

生産者の立場を優先した考え方をプロダクトアウトといい、顧客の立場を優先した考え方をマーケットインといいます。

参考	プロダクトアウトは、生産者の得意な技術を使ってとりあえず製品を作って売るといった、顧客の要望を考えない考え方です。一方、マーケットインは、市場調査を行い、顧客の求める機能などを盛り込んだ製品を開発して売るといった、顧客の要望を優先する考え方です。

品質管理では顧客満足(CS)を得ることを重視する

マーケットインの考え方で顧客が求めているものを提供するには、顧客は誰なのか、顧客の特定が必要です。顧客が満足する製品やサービスを提供することで、生産者も利益を得ることができます。顧客と生産者のどちらも満足する関係をWin-Winの関係といいます。

> **参考**
> マーケットインの考え方がなければ、顧客や市場のニーズに合わない製品やサービスを提供してしまうことで顧客が離れ、長期的に企業が利益を上げることができなくなってしまいます。

品質管理では、顧客が満足する製品やサービスを提供し、顧客満足を得ることを重視します。顧客満足はCS※1と書かれることもあります。

※1 CSはCustomer Satisfactionの頭文字を取ったものです。

3 工程の管理

毎回平均 7.3/100点

プロセス重視

プロセスとは、インプットをアウトプットに変換する一連の活動です。材料（インプット）から製品（アウトプット）をつくる過程を「工程」と呼びますが、工程とプロセスは同じ意味と考えて構いません。

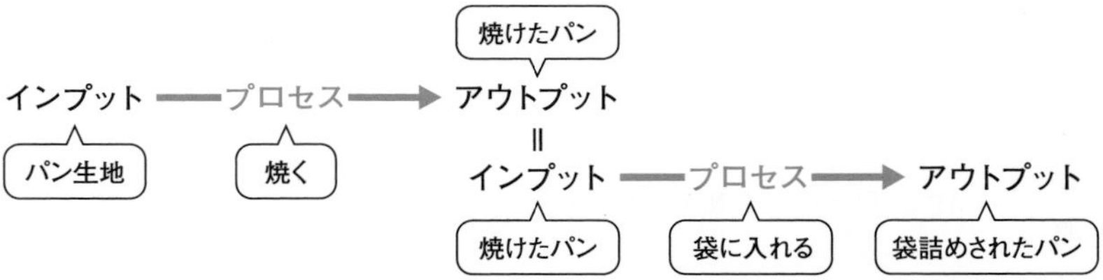

参考	工程は製品を作る過程を指しますが、プロセスは製品に限らず、サービスなどを提供する過程も含めた、工程よりも広い意味の言葉です。

安定した品質の製品やサービスを提供し続けるには、「品質を工程で作り込む」というプロセス重視の考え方が重要です。プロセス重視の考え方は「安定した良いプロセスから、安定した良い結果（品質）ができる」という考え方に基づいています。

「品質を工程で作り込む」には、工程（プロセス）を構成する4Mを適切に管理する必要があります。4Mとは、人（Man）・機械（Machine）・材料（Material）・方法（Method）のことです。

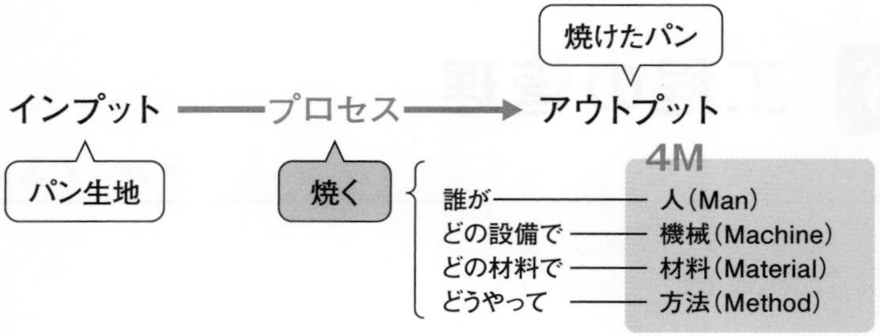

参考　4Mに測定(Measurement)を加えたものを5Mといいます。

また、工程では4Sを徹底することも重要です。4Sとは、整理・整頓・清掃・清潔のことです。

参考　4Sに「しつけ」を加えたものを5Sといいます。

参考　「品質を工程で作り込む」というプロセス重視の考え方が広まる以前は、検査で良い品質のものを選別して顧客に提供するという考え方がありました。これを検査重点主義といいます。検査重点主義では、多くの費用がかかったり、検査漏れなどの問題が発生します。

後工程はお客様

プロセス重視の考え方の一つとして「後工程はお客様」という考え方があります。「後工程はお客様」とは、自分の仕事のアウトプットを渡すときは、たとえ社内の人であってもお客様だと考え、満足してもらえるものを渡すという考え方です。

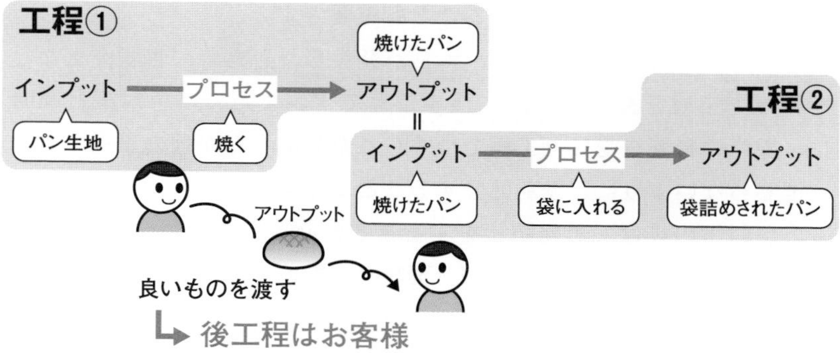

参考	「後工程はお客様」の考え方に基づいて、悪い品質のものは「流さない」「作らない」「受け取らない」ことが重要です。

工程解析では特性と要因の因果関係を明確にする

特性とは、製品やサービスなどが持つ特徴的な性質のことです。

要因とは、結果に影響を及ぼす可能性のあるもののことで、品質管理では、特性に影響を及ぼす可能性のあるものを要因といいます。

工程を管理するためには、工程のアウトプットが持つ特性と、それに影響する要因との因果関係を明確にしていく「工程解析」を行うことが必要です。そして、要因に関連する品質特性のばらつきが異常にならないように管理する必要があります。

参考	特性に影響している可能性があるものを要因といい、特性に影響を与えていることが明確になったものを原因といいます。

応急対策、再発防止、未然防止

工程の異常を発見した場合は、すぐに応急対策を行い、再発防止をする必要があります。さらに、異常が発生する前に予測し、異常が発生しないように未然防止をすることも重要です。

応急対策（応急処置）とは、異常が発生したときに、生産停止などを行って工程を良好な状態に戻すことです。また、応急対策と同時に、異常の影響を受けた工程でつくられた製品などが他の工程のものと混じらないように、識別区分することが重要です。

応急対策の後は、再発防止をすることが必要です。再発防止とは、問題発生の真の原因を突き止め、再び同じ問題を起こさないようにすることです。

> **参考**
> 工程の異常による被害が広がらないように対応する応急対策に対して、異常となった根本原因を追求して再発防止を行うことを恒久対策といいます。

さらに、異常が発生する前に未然防止をすることも重要です。未然防止とは、発生しそうな問題を計画段階で洗い出し、あらかじめ原因を特定して取り除いたり、異常が発生しないように対応をとることです。

覚える！

《 応急対策、再発防止、未然防止 》

異常が発生する**前** → **未然防止**
異常が発生した**後** → **応急対策**…… ①異常を取り除く
②異常の影響を受けたものを識別区分する
↓
再発防止（恒久対策）

源流管理

なるべく上流（源流）のプロセスを管理することで、不具合などがあとから発生しないように管理する体系的な活動を源流管理といいます。

QCD＋PSME

顧客の満足を得るためには、良い品質のものを提供するだけでなく、コストを抑え、納期を守ることも重要です。品質（Quality）・コスト（Cost）・納期（Delivery）のことをQCDといい、QCDのバランスを適切に管理することが品質管理では重要です。

QCDに加えて、生産性（Productivity）や従業員の安全（Safety）、心の健康（Morale）、地球環境（Environment）への配慮を重視した考え方をQCD+PSMEといいます。

工程を管理するためには、QCD+PSMEの状態を総合的に捉える必要があります。

重点指向

重点指向とは、数多くの課題や問題に満遍なく取り組むのではなく、重要なもの（寄与率の高い要因）から優先的に取り組むという考え方です。これは、経営資源を効率的に使い、成果を得るために必要な考え方です。なお、寄与率とは影響度を表す指標で、「重点指向は寄与率の高い要因から優先的に取り組む」といった使われ方をします※1。

重点指向の考え方を問う問題はほぼ毎回出題されます。

※1 QC七つ道具のパレート図は重点指向の考え方に基づいた手法です。

事実に基づく管理、三現主義、5ゲン主義

品質管理では、事実に基づく管理の考え方が大切です。事実に基づく管理は、客観的なデータ（ばらつきなど）に基づいて判断・管理を行う考え方です。ファクト・コントロールと呼ぶこともあります。

事実に基づく管理を行ううえで、三現主義を行動の基本にすることが大切です。三現主義とは、「現場で現物を確認し、現実を正確に認識する」ことを重視する考え方です。三現主義（現場・現物・現実）に原理・原則を加えた考え方を5ゲン主義といいます。5ゲン主義は、3つの「現」を行動の基本にし、2つの「原」に照らし合わせて事実

をよく見ようとする考え方です。

覚える！

《 事実に基づく管理 》

事実に基づく管理…客観的なデータで判断

三現主義
- 現場に行って
- 現物を確認して
- 現実を認識

5ゲン主義
- 三現主義 ＋ 原理…物事の根本的な法則
- 原則…人が決めたルール
- に照らし合わせて事実を把握

見える化、潜在トラブルの顕在化

見える化とは、問題や課題などを関係者全員が認識できるような状態にすることです。

潜在トラブルとは、今は発生していない隠れているトラブルのことで、問題の見える化をすることによって、潜在トラブルを顕在化（わかるようにする）ことができます。

ばらつきに注目する考え方

同じ工程で同じ材料を加工しても、完成した製品の品質に差ができるのは、工程にばらつきがあるからです。管理図などの手法を利用して、工程のばらつきが偶然発生したものなのか、異常なばらつきなのかを見極め、異常なばらつきについては徹底的に対処する必要があります。

人間性尊重、従業員満足（ES）

人間性尊重とは、人間らしさ（感情など）を尊重することで、能力を最大限に発揮できるようにすることです。人間性を尊重することで、職場で働く従業員の満足を高めることができ、よい職場を作るとともに、顧客によい製品やサービスを提供することにつながります。従業員満足は ES※1 と書かれることもあります。

※ 1 ES は Employee Satisfaction の頭文字を取ったものです。

8 品質管理の基本

4 維持と改善

毎回平均 1.8/100点

維持と改善

品質管理活動には、安定した状態を維持するための維持活動と、現状を良くするための改善活動があります。

維持活動は、標準どおりに作業すること※1で、工程のばらつきを小さく、安定した状態にするための活動です。

※1 標準どおりに作業する、とは、あらかじめ決めた手順で作業するということです。

改善活動は、目標を設定し、目標に向かって問題を解決することで、現状を良くするための活動です。

SDCA、PDCA、継続的改善

安定した状態を維持する活動のサイクルをSDCAといいます。SDCAは、標準化（Standardize）、実施（Do）、確認（Check）、処置（Act）の4つのステップのことで、SDCAのサイクルを回すことで、仕事のレベルを維持します。

安定した状態からより良い状態に改善する活動のサイクルをPDCAといいます。PDCAは、計画（Plan）、実施（Do）、確認（Check）、処置（Act）の4つのステップのことで、PDCAのサイクルを回すことで、仕事のレベルを改善します。

SDCAとPDCAを繰り返し回すことを「管理のサイクルを回す」といい、管理のサイクルを回すことで、継続的な改善を行うことができます。

維持のサイクル

S 標準化
…標準を決める

D 実施
…標準どおり作業する

C 確認
…標準どおりに実施したか評価する

A 処置
…必要な対応をする

改善のサイクル

P 計画
…目標を設定する

D 実施
…目標達成のために実行する

C 確認
…実施結果を評価する

A 処置
…必要な対応をする

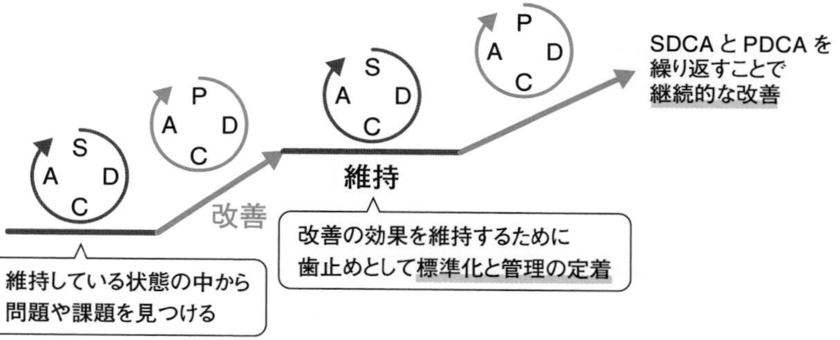

5 QCストーリー

毎回平均 6.1/100点

問題と課題

問題とは、設定してある目標と現実とのギャップ（差）のことで、対策して克服する必要があります。課題とは、設定しようとする目標と現実とのギャップ（差）のことで、対処して達成することを必要とします。問題は克服するもの、課題は達成するものと考えると良いでしょう。

問題解決型QCストーリーはよく出題される

QCストーリーとは、継続的な改善活動を行うための手順のことで、問題解決型QCストーリーと課題達成型QCストーリーがあります。

悪化した工程の状態を改善するなど、発生してしまっている問題を解決するときには問題解決型QCストーリーを使います。

問題解決型QCストーリーでは、現状分析や要因の解析をおこなって問題の原因を突き止め、その原因を取り除くための効果的な対策を行います。

覚える！

《 問題解決型QCストーリーの手順 》

手順1　テーマの選定
手順2　現状の把握と目標の設定
手順3　要因の解析
手順4　対策の立案
手順5　対策の実施
手順6　効果の確認
手順7　標準化と管理の定着
手順8　反省と今後の対応

各手順の内容について問われることもあるため、詳細を確認しておきましょう。

1. テーマの選定

テーマを決めるには、目標と現状を比べて、解決すべき問題を明確にします。そのうえで、重要性や緊急性、解決のためにかかるコストなど、総合的視点から最終的に取り組むテーマを選びます。この際、主観的な意見や感覚などで判断するのではなく、客観的なデータに基づいて判断することが大切です。

2. 現状の把握と目標の設定

三現主義※1に基づいて調査や分析をして現状把握を行い、パレート図※2を作成するなどして重点的に取り組む問題を見つけ、目標設定を行います。

※1 三現主義：現場で現物を確認し、現実を正確に認識することを重視する考え方。
※2 パレート図：重点指向の考え方に基づいて、取り組むべき問題の優先順位を明らかにする手法。

目標を設定するときは、達成すべき目標値を具体的な数値で示すことや、達成期限を設定することが重要です。また、目標をどれくらい達成できているかを測るための評価項目も設定する必要があります。

参考 大きな目標を達成する工夫として、期間をいくつかに区切り、段階的に目標設定を行うことで最終目標に近づける方法があります。

3. 要因の解析

要因の解析では、特性要因図※3などを用いて特性※4と要因※5との因果関係を系統的に※6整理します。

※3 特性要因図：特性と、それに影響する要因の関係を矢印でつないで魚の骨のように表した図。
※4 特性：製品やサービスなどが持つ特徴的な性質のこと。
※5 要因：特性に影響を及ぼす可能性のあるもの。
※6「系統的に」とは、おおまかなものから、徐々に具体的なものまで掘り下げる、ということです。

参考

要因の追求には計量的要因[※7]と計数的要因[※8]を区別することが必要です。特性と要因の関係性が複雑な場合には、計量的要因の場合は散布図[※9]、計数的要因の場合は層別[※10]を用いることがあります。また、新QC七つ道具の連関図法[※11]などを用いることもあります。

※7 計量的要因：長さや重さなどのような、連続した値をとる要因。
※8 計数的要因：不適合品数や人数などのような、1つ、2つと数え上げる要因。
※9 散布図：対になったデータ（x, y）の関係を表すグラフ。
※10 層別：データの特徴や共通点に注目してグループ分けすること。
※11 連関図法：原因と結果が複雑に絡み合う問題の因果関係を矢印でつないで整理する手法。

4. 対策の立案

対策を立案するときには、全員で5W1Hを明確にして実施計画を立てます。実施計画通りに進めるためには、ガントチャート[※12]などを作成して進捗を管理します。

※12 ガントチャート：計画や実績を棒線で表示し、時間の経過を見える形にするグラフ。

5. 対策の実施

対策を実施するときは、対策案に基づいて、効果が大きいと期待できるものから重点指向で取り組みます。

6. 効果の確認

実施した対策内容ごとに効果を確認することや、対策前後のパレート図を比較することで、効果の確認を行います。効果が不十分だった場合は、要因の解析をやり直し、新たな対策を考えて実施します。

7. 標準化と管理の定着

効果を確認した結果、効果が認められたものについては、業務方法に取り入れて標準化をすることで、管理の定着を行います。

8. 反省と今後の対応

最後に、改善の進め方の反省や、まだ解決できていない問題への対処を検討します。

課題達成型QCストーリーは手順を中心に覚える

現状を大きく改善するときには課題達成型QCストーリーを使います。

課題達成型QCストーリーでは、情報を収集して攻め所（課題）を明確にし、目標を達成するための方策を立案した後に、成功シナリオの追究を行います。成功シナリオの追究とは、“具体方法の検討、期待効果の予測、最適策の選定”を行うことです。

覚える！

《 課題達成型QCストーリーの手順 》

手順1　テーマの選定
手順2　QCストーリーの選定
手順3　攻め所と目標の設定
手順4　方策の立案
手順5　成功シナリオの追究
手順6　成功シナリオの実施
手順7　効果の確認
手順8　標準化と管理の定着
手順9　反省と今後の対応

CHAPTER

8 重要ポイントのまとめ

POINT

1 品質の種類

❶品質とは、本来備わっている特性の集まりが要求事項を満たす程度。

❷要求品質とは、顧客が求めている製品やサービスの品質。

❸品質要素とは、製品を評価する項目。品質要素を客観的に評価する際の指標のことを品質特性という。

❹代用特性とは、品質特性を直接測定することが難しい場合に、代わりに用いる特性。

❺ねらいの品質（設計品質）とは、設計段階で製品の製造の目標として定めた品質。

❻できばえの品質（製造品質、適合の品質）とは、ねらいの品質を目指して製造した製品の実際の品質。

2 品質優先の考え方

❶品質優先（品質第一）とは、短期的な利益よりも品質を高めることを優先する考え方。

❷生産者の立場を優先した考え方をプロダクトアウトといい、顧客の立場を優先した考え方をマーケットインという。

❸顧客が満足する製品やサービスを提供することで顧客満足（CS）を得る。

3 工程の管理

❶プロセスとは、インプットをアウトプットに変換する一連の活動。

❷「品質を工程で作り込む」というプロセス重視の考え方に基づき、工程を構成する 4M（人・機械・材料・方法）を管理する。

❸たとえ社内の人であってもお客様だと考え、良いアウトプットを渡

す考え方を「後工程はお客様」という。

❹特性とは、製品やサービスなどが持つ特徴的な性質のこと。要因とは、結果（特性）に影響を及ぼす可能性のあるもの。

❺応急対策とは、異常が発生したときに、問題の状況を止めて工程を良好な状態に戻すこと。

❻再発防止とは、問題発生の真の原因を突き止め、再び同じ問題を起こさないようにすること。

❼未然防止とは、発生しそうな問題を計画段階で洗い出して対策をとること。

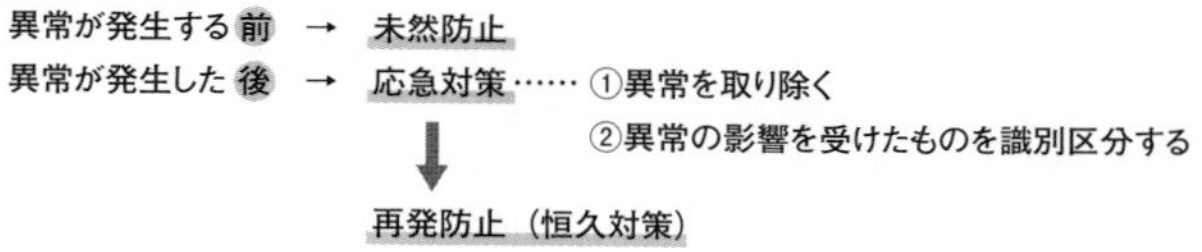

❽ QCDとは、品質・コスト・納期のこと。QCDに加えて、生産性や従業員の安全、心の健康、地球環境への配慮を重視した考え方をQCD+PSMEという。

❾重点指向とは、重要なものから優先的に取り組む考え方。

❿三現主義とは、「現場で現物を確認し、現実を正確に認識する」ことを重視する考え方。三現主義（現場・現物・現実）に原理・原則を加えた考え方を5ゲン主義という。

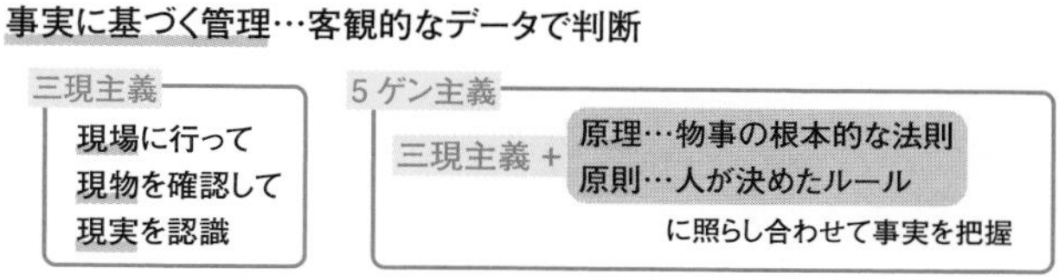

4 維持と改善

❶安定した状態を維持する活動のサイクルをSDCAという。標準化（Standardize）、実施（Do）、確認（Check）、処置（Act）の4つのステップ。

❷現状を良くする改善のサイクルをPDCAという。計画（Plan）、実施（Do）、確認（Check）、処置（Act）の4つのステップ。

5 QCストーリー

❶QCストーリーとは、継続的な改善活動を行うための手順。

❷発生してしまっている問題を解決するときには問題解決型QCストーリーを用いる。

手順1　テーマの選定	手順5　対策の実施
手順2　現状の把握と目標の設定	手順6　効果の確認
手順3　要因の解析	手順7　標準化と管理の定着
手順4　対策の立案	手順8　反省と今後の対応

❸現状を大きく改善するときには課題達成型QCストーリーを用いる。

手順1　テーマの選定	手順6　成功シナリオの実施
手順2　QCストーリーの選定	手順7　効果の確認
手順3　攻め所と目標の設定	手順8　標準化と管理の定着
手順4　方策の立案	手順9　反省と今後の対応
手順5　成功シナリオの追究	

予想問題 問題

問題 1 品質の種類・考え方

[　　] 内に入る最も適切なものを選択肢から選べ。

①品質とは、「本来持っている特性の集まりが、[(1)] を満たす程度」と定義されている。

②品質要素を客観的に評価する指標のことを [(2)] という。[(2)] を直接測定することが難しい場合は [(3)] を用いる。

③設計段階で製造の目標として定めた品質を [(4)] 、もしくは設計品質ともいう。[(4)] を目指して製造した実際の品質を [(5)] 、もしくは製造品質ともいう。製造工程では、[(4)] に適合した製品を経済的に、納期通りに生産するという [(6)] を満足させるように生産する。

④消費者がエアコンを購入し、冷房をつけると部屋の温度が下がった。これは消費者の予想通りで、特に満足も不満もない。もし温度が下がらなければ不満を感じる。これは [(7)] によるものである。一方、購入したエアコンに空気清浄機能が搭載されており、もし空気清浄機能がなくても不満はないが、搭載されていることで満足を感じた。これは [(8)] によるものである。

⑤品質管理を進める際に重視するのは、[(9)] の満足を得ることである。

⑥生産者の立場を優先した考え方を [(10)] と呼ぶのに対して、顧客の求めているものを提供する考え方を [(11)] と呼ぶ。

【 [(1)] ～ [(11)] の選択肢】

ア．品質特性　イ．代用特性　ウ．要求品質　エ．要求事項
オ．ねらいの品質　カ．できばえの品質　キ．魅力的品質　ク．一元的品質
ケ．当たり前品質　コ．マーケットイン　サ．プロダクトアウト　シ．QCD
ス．顧客

(1)	(2)	(3)	(4)	(5)	(6)	(7)	(8)	(9)

(10)	(11)

問題 2 品質を工程で作り込む

[　　]内に入る最も適切なものを選択肢から選べ。

①結果のみを追求するのではなく、[(1)]を適切に管理することによって、「品質を工程で作り込む」という考え方がある。[(1)]を管理する際には、「安定した良い工程から、安定した良いものができる」という[(1)]重視の考え方に基づいて、結果である[(2)]と要因の因果関係を明確にする[(3)]を行い、工程を構成する[(4)]を適切に管理する必要がある。[(4)]とは、人、[(5)]、材料、方法のことである。

②[(1)]重視の考え方の一つである「[(6)]はお客様」という考えのもと、アウトプットを渡す先がたとえ社内であっても、仕事の質を高めて良いアウトプットを渡すことが大切である。

【[(1)]～[(6)]の選択肢】

ア．検査　イ．プロセス　ウ．後工程　エ．4M　オ．5S　カ．特性

キ．原因　ク．工程解析　ケ．機械　コ．計算

(1)	(2)	(3)	(4)	(5)	(6)

問題 3 工程の管理

[　　]内に入る最も適切なものを選択肢から選べ。

①品質管理では、客観的なデータに基づいて判断・管理を行う[(1)]の考え方が大切である。

②工程で問題が発生した場合には、[(2)]の考え方に基づき、現場に行って客観的なデータを取り、正確に現実を把握する。

③問題に対処が必要な場合にまず行うことは、問題の状況を止めて工程を良好な状態に戻す[(3)]である。また、[(3)]を行うと同時に、異常の影響を受けた工程でつくられた製品と他の工程の製品を[(4)]することが必要である。

④[(3)]の後には恒久対策を行う。恒久対策では、問題の[(5)]を突き止めて[(6)]を行う。

⑤異常が発生する前に、発生しそうな問題を計画段階で洗い出して対策をとることで問題の顕在化を防ぐことを[(7)]という。

⑥可能な限り上流のプロセスで問題に対策をとり、管理する体系的な活動を[(8)]という。

⑦数多くの課題や問題に満遍なく取り組むのではなく、[(9)]の高い要因から優先的に取り組む考え方を[(10)]という。

【[(1)]～[(10)]の選択肢】

ア．三現主義　イ．事実に基づく管理　ウ．重点指向　エ．源流管理
オ．未然防止　カ．応急対策　キ．再発防止　ク．識別区分
ケ．寄与率　コ．根本原因　サ．5W1H　シ．全員参加

(1)	(2)	(3)	(4)	(5)	(6)	(7)	(8)	(9)

(10)

問題 4 品質管理活動

[　　]内に入る最も適切なものを選択肢から選べ。

①標準順守に重点を置き、安定した状態を保つ活動を[(1)]という。安定した状態の中から問題を見つけ、解決することで高い水準に引き上げる活動を[(2)]という。高い水準を達成した後は、[(2)]の効果を維持するために標準化を行い、[(3)]に取り組む必要がある。

②[(1)]活動のサイクルを[(4)]という。[(4)]は[(5)]、実施、確認、処置の4つのステップで構成される。[(2)]活動のサイクルを[(6)]という。[(6)]は[(7)]、実施、確認、処置の4つのステップで構成される。この2つのサイクルを繰り返すことで継続的な改善を推進する。

【[(1)]～[(7)]の選択肢】

ア．維持　イ．解決　ウ．改善　エ．計画　オ．標準化　カ．SDCA
キ．PDCA　ク．反省と今後の対応　ケ．歯止めと管理の定着

(1)	(2)	(3)	(4)	(5)	(6)	(7)

問題5 QCストーリー①

□内に入る最も適切なものを選択肢から選べ。

悪化した工程の状態を改善する際には(1)型QCストーリーを用いて、以下のような手順で改善に取り組む。

手順1　重要性や緊急性など、総合的な視点からテーマを選定する。

手順2　(2)に基づいて現状把握を行い、達成すべき目標値と(3)を設定する。

手順3　(4)などを用いて特性と要因の因果関係を系統的に整理する。

手順4　対策を立案し、(5)などを用いて実施計画を立てる。

手順5　対策案に基づき、効果が大きいと期待されるものから(6)で取り組む。

手順6　対策実施の効果をパレート図などを用いて確認する。

手順7　効果が認められたものについては(7)を行い、管理の定着を図る。

【(1)～(7)の選択肢】

ア．問題解決　イ．課題達成　ウ．ガントチャート　エ．特性要因図

オ．ヒストグラム　カ．重点指向　キ．達成期限　ク．現状

ケ．標準化　コ．三現主義　サ．アイデア

(1)	(2)	(3)	(4)	(5)	(6)	(7)

問題 6 QC ストーリー②

[　　]内に入る最も適切なものを選択肢から選べ。

現状を大きく改善する際には[(1)]型 QC ストーリーを用いて、以下のような手順で改善に取り組む。

手順 1　テーマの選定

手順 2　QC ストーリーの選定

手順 3　[(2)]

手順 4　[(3)]

手順 5　[(4)]

手順 6　[(5)]

手順 7　効果の確認

手順 8　標準化と管理の定着

手順 9　反省と今後の対応

【[(1)]～[(5)]の選択肢】

ア．問題解決　イ．課題達成　ウ．管理図の作成　エ．方策の立案

オ．攻め所と目標の設定　カ．プロセスの追究　キ．成功シナリオの追究

ク．成功シナリオの実施

(1)	(2)	(3)	(4)	(5)

CHAPTER

8

予想問題 解答解説

問題 1 品質の種類・考え方

【解 答】 (1) エ (2) ア (3) イ (4) オ (5) カ (6) シ
(7) ケ (8) キ (9) ス (10) サ (11) コ

POINT

試験でもこの問題のように、用語部分が空欄になっている問題が出題されます。8章以降は覚える用語が多いので、「重要ポイントのまとめ」や「予想問題」を中心に何度か復習して頻出用語を覚えましょう。③の「ねらいの品質（設計品質）」と「できばえの品質（製造品質、適合の品質）」のように、セットで出題されやすい用語を覚えておくと大きな得点源になります。④の「当たり前品質」と「魅力的品質」、⑥の「プロダクトアウト」と「マーケットイン」などもセットで覚えましょう。

問題 2 品質を工程で作り込む

【解 答】 (1) イ (2) カ (3) ク (4) エ (5) ケ (6) ウ

POINT

品質管理では、プロセスを適切に管理することが非常に重要です。そのため、「プロセス重視」などの用語は試験でもよく出題されます。「後工程はお客様」も重要な考え方です。

「特性」と「要因」は文章の中でセットになって出てきます。特性とは、製品やサービスなどが持つ特徴的な性質のことです。要因とは、結果（特性）に影響を及ぼす可能性のあるもののことです。特性と要因の因果関係を明確にするのが「工程解析」で、「工程解析」では「特性要因図」を用いて特性と要因の関係を図で整理したりします。特性要因図では、要因を「4M」で整理します。「4M」の内容（人・機械・材料・方法）も、どれが空欄になっても答えられるように覚えておきましょう。

問題 3 工程の管理

【解 答】　(1) イ　(2) ア　(3) カ　(4) ク　(5) コ　(6) キ　(7) オ　(8) エ　(9) ケ　(10) ウ

POINT

「事実に基づく管理」を行ううえで、「三現主義」を行動の基本にすることが大切です。「三現主義」の内容（現場・現物・現実）とセットで、「5ゲン主義」の内容（三現主義＋原理・原則）も覚えておきましょう。

応急対策・再発防止・未然防止もよく出題されます。整理して覚えましょう。

「重点指向」はほぼ毎年出題されます。重点指向は寄与率の高い要因（重要なもの）から優先的に取り組む考え方です。「パレート図」は重点指向の考え方に基づいて、優先的に取り組むべき問題を整理する手法です。

問題 4 品質管理活動

【解 答】　(1) ア　(2) ウ　(3) ケ　(4) カ　(5) オ　(6) キ　(7) エ

POINT

維持のサイクルであるSDCAと改善のサイクルであるPDCAを繰り返すことで継続的改善を行います。

問題5 QCストーリー①

【解答】　(1) ア　(2) コ　(3) キ　(4) エ　(5) ウ　(6) カ　(7) ケ

POINT

QCストーリーには問題解決型と課題達成型がありますが、試験では問題解決型QCストーリーの方が多く出題されます。この問題のように手順の内容が問われる場合だけでなく、手順の順序が問われる場合もあります。問題解決型ストーリーの手順の順序についても確認しておきましょう。

問題6 QCストーリー②

【解答】　(1) イ　(2) オ　(3) エ　(4) キ　(5) ク

POINT

課題達成型QCストーリーでは、攻め所（課題）を明確にし、目標達成のための方策を立案した後に、成功シナリオの追究・実施を行います。手順2〜6は問題解決型QCストーリーと異なるので、出題されやすい部分です。

CHAPTER 9

CHAPTER

9 品質保証

用語を覚えることを基本に学習しましょう。
新製品を開発する段階や、製造段階、販売後など、
全てのプロセスでの品質保証について学びます。

★★★ 内容を深く理解しているレベル
★★ 定義と基本的な考え方を理解しているレベル
★ 言葉を知っているレベル

9章の構成

1 品質保証の基本

★ P204

出題分析 毎回平均 1.0/100点

第20回:0点	第21回:3点	第22回:0点	第23回:3点
第24回:0点	第25回:1点	第26回:0点	第27回:0点
第28回:2点	第30回:0点	第31回:1点	第32回:2点

「品質保証体系図」「品質機能展開(QFD)」の用語と意味を覚えておきましょう。

2 未然防止の手法

★ P206

出題分析 毎回平均 2.3/100点

第20回:0点	第21回:4点	第22回:0点	第23回:0点
第24回:1点	第25回:3点	第26回:0点	第27回:4点
第28回:3点	第30回:8点	第31回:1点	第32回:3点

新製品を開発する際に用いる手法を3つ学習します。試験では、説明文から手法の名前を選ぶ問題が出題されることが多い傾向です。

3 品質保証のプロセス

★
P208

出題分析 毎回平均 **0.9**/100点

第20回:0点	第21回:6点	第22回:0点	第23回:0点
第24回:2点	第25回:1点	第26回:0点	第27回:0点
第28回:2点	第30回:0点	第31回:0点	第32回:0点

「保証の網（QAネットワーク）」は、❶で学んだ「品質保証体系図」や「品質機能展開（QFD）」と間違えて覚えないように気をつけましょう。「製造物責任（PL）」も重要な用語です。

4 プロセス保証

★★
P210

出題分析 毎回平均 **3.0**/100点

第20回:3点	第21回:0点	第22回:8点	第23回:0点
第24回:1点	第25回:1点	第26回:2点	第27回:6点
第28回:5点	第30回:2点	第31回:5点	第32回:3点

8章で学んだプロセス重視の内容とほぼ同じ内容です。「作業標準書」や「QC工程図」は新しく出てくる用語なので、内容を覚えておきましょう。

5 検査

★★
P212

出題分析 毎回平均 **3.3**/100点

第20回:6点	第21回:5点	第22回:8点	第23回:7点
第24回:4点	第25回:1点	第26回:4点	第27回:0点
第28回:2点	第30回:1点	第31回:0点	第32回:2点

ほぼ毎回出題されます。検査の目的や考え方、検査の種類について覚えておきましょう。検査の種類の後に学ぶ「計測」や「測定誤差」は問われる頻度が少ないため、概要を読んでおきましょう。

1 品質保証の基本

毎回平均 1.0/100点

結果の保証とプロセスによる保証

品質保証とは、顧客や社会のニーズを満たすために、組織が行う体系的な活動のことです。顧客や社会のニーズを満たすような製品やサービスを作り、問題がある場合には対策を行い、顧客や社会に安心感を与える一連の活動が品質保証です。

結果の保証とは、製造した製品の品質を検査によって保証することです。プロセスによる保証とは、「品質を工程で作り込む」というプロセス重視の考え方に基づいて、プロセスを管理することで不適合を出さないように保証することです。現在では、プロセスによる保証が重視されています。

参考　「品質を工程で作り込む」というプロセス重視の考え方（プロセスによる保証）が広まる以前は、検査で良い品質のもの選別して顧客に提供するという考え方（結果の保証）が一般的でした。

保証と補償の違い

品質管理において、保証とは、製品やサービスの品質が問題ないとお墨付きを与えることをいい、補償とは、もし製品やサービスの品質が良くない場合に損失を補うことをいいます。

品質保証体系図

品質保証体系図とは、製品やサービスの企画から販売、廃棄に至るまで、どの段階でどの部門が、品質保証に関するどのような活動を行うかを示した図です。縦軸に企画から廃棄に至るまでのステップ（段階）を、横軸に製造部門や販売部門などの部門を配置して、品質保証に関する活動の流れを表します。

品質機能展開（QFD）

新製品を開発する際には、顧客のニーズ（要求品質※1）を知るために市場調査を行います。顧客のニーズは製品の品質の目標（設計品質※2）として設定します。

品質機能展開（QFD※3）とは、設計品質を実現するための方法の一つで、設計の意図を製造工程まで展開することを目的としています。品質機能展開（QFD）では、品質表※4などを用いて、顧客のニーズと、それを実現する技術を結びつけて見える化をします。

※1 要求品質：顧客が求めている製品やサービスの品質。

※2 設計品質：設計段階で製品の製造の目標として定めた品質。

※3 QFD は Quality Function Deployment の頭文字を取ったものです。

※4 品質表は、要求品質展開表（要求品質をまとめた表）と品質特性展開表（設計品質をまとめた表）の2つの表を組み合わせた二元表です。

2 未然防止の手法

毎回平均 2.3/100点

DRとトラブル予測、FTA、FMEA

DR（デザインレビュー）とは、顧客の要求事項が設計に反映され、品質目標が達成できるかについて、開発者とは別の視点から開発途中の成果物を確認する手法です。DRは設計・製造・営業などの各部署の専門家が参加して行います。

新製品の開発をする際は、潜在的な欠点を見つけ、トラブルを予測して未然防止を行うFTAやFMEAなどの信頼性解析技法を用いることがあります。

FTAは、故障や災害などのトラブルをトップ事象に取り上げ、その発生要因との因果関係を論理記号[※1]を用いて樹形図にし、発生確率を計算して対策を打つべき要因を決めることで、トラブルを未然に防止する手法です。FTA（Fault Tree Analysis）は故障の木解析とも呼ばれます。

※1 論理記号とは、要素どうしの関係を表す記号のことで、ANDゲートやORゲートなどがあります。試験では詳しく出題されないため、「FTAは論理記号を用いる」ということだけ覚えておきましょう。

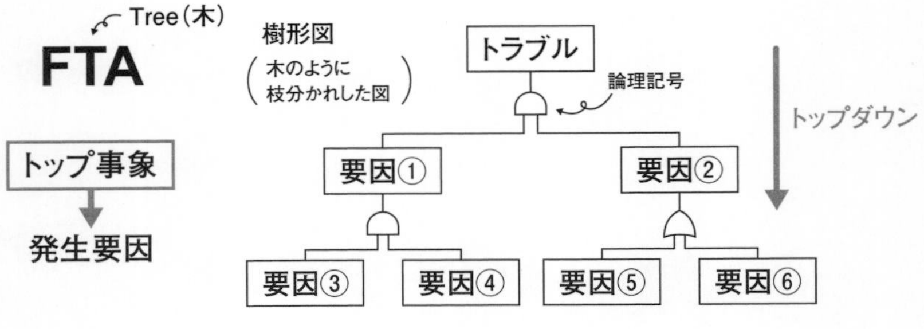

FMEAは、プロセスなどの構成要素で起こりうる故障モード[※2]を

予測して、その影響や原因を評価し対策を行うことで、トラブルを未然に防止する手法のことです。FMEA（Failure Mode and Effects Analysis）は**故障モード影響解析**とも呼ばれます。

※2 故障モードとは、故障の様子（状態）のことです。

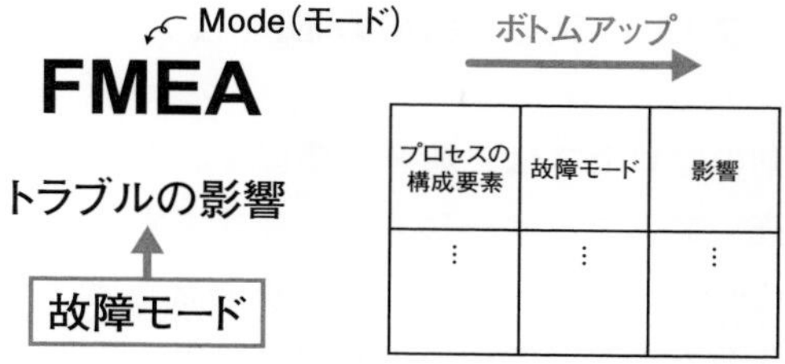

3 品質保証のプロセス

毎回平均 0.9/100点

品質保証のプロセス、保証の網（QAネットワーク）

品質保証活動のプロセスは、顧客の要望を調査するところから始まり、生産、販売、アフターサービスまで続きます。

保証の網（QAネットワーク）とは、不適合等と工程（プロセス）の関連を一覧化した表で、工程での異常の発生を防止する品質保証活動の一つです。

製品安全、製造物責任、環境配慮

企業は、提供する製品の安全や安心、環境への配慮も行う必要があります。

製品安全（PS）とは、製品が市場に流通する前に安全を確保する活動です。

製造物責任（PL）とは、製品の欠陥によって生じた被害について責任を負うことです。製造物責任法（PL法）では、製品の使用によって被害を受けた場合に、製造会社などに対して損害賠償を求めることができると定められています。

企業は製品安全（PS）や製造物責任（PL）への対応をするとともに、環境に配慮した製品を製造していく必要があります。

市場トラブル対応、苦情とその処理

製品を販売した後の修理対応などのアフターサービスも品質保証の一環です。また、製品の販売後に発生した苦情への対応も品質保証として重要な活動です。苦情とは、製品やサービスに対する顧客の不満の表明です。苦情の真意を把握し、その妥当性について確認し、真摯に対応することが必要です。

製品ライフサイクル全体での品質保証

製品の材料を得るプロセスから、製造、使用、廃棄に至るまでの全てのプロセスの品質を保証することが重要です。この全てのプロセスのことを製品ライフサイクル全体での品質保証といいます。

環境への配慮として、**製品ライフサイクル全体で発生する環境への負荷と影響を定量的に評価する方法をライフサイクルアセスメント**といいます。

参考 ライフサイクル全体でかかるコストのことをライフサイクルコストといいます。新製品を設計する際は、ライフサイクルコストを低く抑えるように設計します。

4 プロセス保証

毎回平均 3.0/100点

作業標準書

作業標準書は、作業方法や管理方法などに関する手順を定めたものです。品質を安定させるためには、作業標準書に基づいて作業を行うように教育・訓練することが重要です。

プロセス（工程）の考え方

安定した品質の製品やサービスを提供し続けるには、「品質を工程で作り込む」というプロセス重視の考え方が重要です。

「品質を工程で作り込む」には、工程（プロセス）を構成する4M※1を適切に管理する必要があります。

※1 4Mとは、人（Man）・機械（Machine）・材料（Material）・方法（Method）のことです。

> 参考
> 4Mなどの要因を変化させたときには、結果である特性も変化していないかを確認します。これを変化点管理といいます。

QC工程図、フローチャート

QC工程図は、製品・サービスの生産から提供までの全てのプロセスの流れをフローチャート（流れ図）で示した文書です。QC工程図には、管理項目や管理水準※2、管理方法※3などを記載します。

※2 管理水準とは、管理項目が安定状態（好ましい状態）にあるかを客観的に評価するための値です。
※3 管理方法とは、だれが、どこで、何を、どのような方法でプロセスを管理するかを決めたものです。

> 参考
> 材料の受け入れから出荷までのプロセスがどのような流れで行われるかは、工程記号という記号を使って表現します。

管理項目は、プロセスが目的通りに機能したかを判断する尺度です。QC 工程図を作成する際は、工程解析を行い、プロセスが目的通りに機能したかの結果（品質特性）を評価する管理項目と、結果に影響する要因系の管理項目（点検項目ともいいます）を記載します。

参考	たとえば、製造した製品の重さ（品質特性＝結果）は管理項目（管理点ともいいます）で、製造する機械の状態（結果に影響する要因）は点検項目（点検点ともいいます）です。

工程異常の考え方とその発見・処置

工程異常とは、4M などの要因の変化によって、プロセスが管理状態ではなくなることをいいます。

工程異常を発見するには、異常とはどのような状態なのかを定義して、あいまいな判断をしてしまうリスクを極力小さくします。また、異常が発生したときの処置方法について 5W1H を具体的に決めておくことも重要です。そして、異常を発見したときは、応急対策※4 と恒久対策※5 を行い、関係者と情報を共有（水平展開）※6 します。

※ 4 応急対策：異常を取り除いて工程を良好な状態に戻すと同時に、異常の影響を受けた工程のものが他の工程のものと混じらないように識別区分すること。
※ 5 恒久対策：異常となった根本原因を追求して再発防止を行うこと。
※ 6 水平展開：他に似たような状態の工程がないかを探して、異常を未然に防止すること。

参考	人はミスをするという前提で、ミスが起きないように対策することをフールプルーフ（FP）やポカヨケといいます。

工程能力調査、工程解析

工程能力調査とは、工程がどの程度のばらつきで品質を実現できるかを調べることです。また、工程解析とは、工程で製造した製品のばらつき（特性）となぜばらつくのか（要因）の関係を明らかにする方法です。プロセス重視の管理活動を行うには、工程能力調査と工程解析を十分に行うことが必要です。

5 検査

毎回平均 3.3/100点

検査の目的・意義・考え方（適合、不適合）

検査とは、製品などの特性値に対して測定や試験、ゲージ合わせなどを行い、規定要求事項と比較して、適合や不適合などを判定する活動のことです。

規定要求事項とは、顧客側の要求する品質に加えて、提供する側が自ら決めた品質を合わせたものです。製品やサービスが、規定要求事項を満たしていることを適合といい、全ての検査項目で適合と判定されたものを適合品といいます。

検査の目的は、製品などが規定要求事項に合致している保証を顧客や後工程に与えることです。

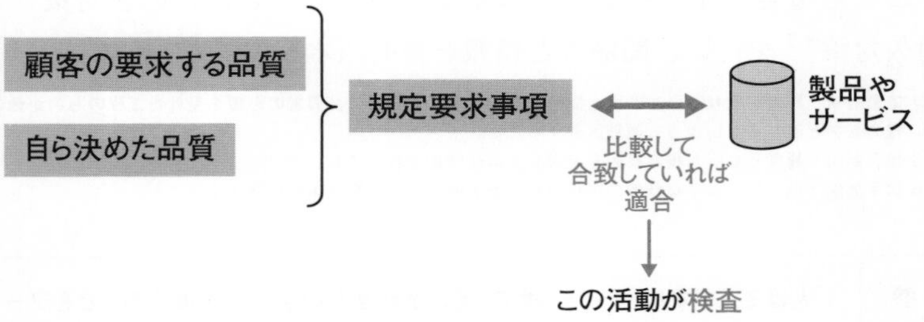

検査の種類と方法

検査の分類方法はいくつかあります。

1. 検査の対象による分類

検査の対象による分類では、全数検査や抜取検査などに分類できます。

全数検査は、ロット※1全て（母集団※2）を検査する方法です。ロット全ての製品一つひとつの適合・不適合を判定します。

※1 ロットとは、製品の生産や出荷の最小単位のことで、「みかん4個で1山200円」の"1山"がロットの考え方です。
※2 母集団：調べる対象の集団全体のこと

> **参考**
>
> 検査の方法として、製品を壊す力をかけることで耐久性をチェックする破壊検査があります。破壊検査は検査によって製品を壊してしまうため、全数検査では用いることができません。品質を直接測定できない場合は、代用特性※3を検査します。
> 破壊検査に対して、検査をするときに物を壊さない検査を非破壊検査といいます。
>
> ※3 代用特性：品質を直接測定することが難しい場合に、代わりに用いる特性。

抜取検査は、ロット（母集団）からサンプル※4を抜き取って検査する方法です。サンプルはあらかじめ決めておいた抜取検査方式に従って抜き取り、検査した結果をロットの合格判定基準と比較して、ロット全体の合格・不合格を判定します。

※4 サンプル：母集団から抜き出したデータのこと

> **参考**
>
> 抜取検査方式としてあらかじめ決めておくことは、ロットからランダムに抜き取るサンプルの大きさとロットの合格判定基準です。サンプルを抜き取るときは、特定のものを選ぶことなく、ランダムに抜き取るように気をつけます。

> **参考**
>
> 正しくランダムにサンプルを抜き取っても、サンプルがロットの状態を正しく表しているとは限らない（サンプルの不適合品率とロット全体の不適合品率が同じになるとは限らない）ため、抜取検査では、ロットの合格・不合格の判定に誤りが生じる可能性があります。

抜取検査には、計数値抜取検査と計量値抜取検査があります。

計数値抜取検査とは、サンプル中の**不適合品数や不適合数などの計数値を対象に行う検査**です。

計量値抜取検査とは、サンプルの**平均値や標準偏差などの計量値を**

対象に行う検査です。

> **参考**
> 全数検査や抜取検査のほかに、無試験検査や間接検査と呼ばれる検査もあります。無試験検査では、測定を行わずに、信頼性のある資料に基づいて合格・不合格を判定します。間接検査は、部品などを購入したときに、部品を製造した会社が行った検査結果を確認することによって、自社での測定を行わない検査です。

2. 検査の判定方法による分類

検査の判定方法による分類では、測定器や試験装置などを使用して品質を計測する検査や、人間の感覚（視覚や味覚など）で品質を計測する検査などに分類できます。

人間の感覚（視覚や味覚など）で品質を計測する検査を官能検査といいます。顧客が視覚や味覚で感じる品質を感性品質といい、官能検査によって感性品質が規定要求事項※5に適合していることを保証します。

※5 規定要求事項とは、顧客側の要求する品質に加えて、提供する側が自ら決めた品質を合わせたもの。

> **参考**
> 測定器や試験装置などを使用して品質を計測する検査の例として、計数値抜取検査や計量値抜取検査があります。

3. 検査の段階による分類

検査の段階による分類では、材料などを工程に受け入れるときに行う受入検査や、工程の中で行う工程内検査・中間検査、完成した製品に行う最終検査・出荷検査などに分類できます。

検査で不適合品を発見した場合は、後工程への流出や適合品と混じることを防ぐために、識別区分することが必要です。

検査は、誰が行っても同じ結果が得られるように、作業方法や判定基準の標準化を行うことが重要です。また、標準※6通りに検査が行われるよう、検査をする人の知識や技能、検査精度を向上させるための教育や訓練を行います。

※6 標準とは、ものや手順などについて統一化や単純化をしたルールのことです。

計測の基本と管理

計測とは、検査によって不適合品を取り除くなどの目的を達成するために、重さや長さなどの量を調べることです。

参考	**計測は何らかの目的を達成するために物事の量を調べます。特に目的を持たずに物事の量を調べることを測定といいます。**

測定機器（定規など）の校正や、計測の方法の標準化や教育・訓練を行うことで、適切な計測ができるように管理します。校正とは、標準器※7を用いて、測定機器が表示する値と真の値の関係を確認することです。

※7 標準器とは、国家が承認した（標準にすると決めた）測定の基準となるもののことです。

測定誤差の評価

何らかの要因によって、測定した値と真の値の間に生じた差を測定誤差といいます。

測定誤差には「かたより」と「ばらつき」があります。かたよりは、測定器などのクセによって生じる誤差で、測定値の平均と真の値の差です。ばらつきは、測定環境の違いなどによって生じる誤差で、測定値のとる範囲がばらついている広さのことです。

CHAPTER

9

重要ポイントのまとめ

POINT

1 品質保証の基本

❶品質保証体系図とは、どの段階でどの部門が、品質保証に関するどのような活動を行うかを示した図。

❷品質機能展開（QFD）とは、顧客のニーズと、それを実現する技術を結びつけて見える化をすること。

2 未然防止の手法

❶ DR（デザインレビュー）とは、顧客の要求事項が設計に反映され、品質目標が達成できるかについて、開発者とは別の視点から開発途中の成果物を確認する手法。

❷ FTA（故障の木解析）は、トラブルをトップ事象に取り上げ、その発生要因との因果関係を論理記号を用いて樹形図にし、発生確率を計算して対策を打つべき要因を決める手法。

❸ FMEA（故障モード影響解析）は、故障モード（故障の様子）を予測して、その影響や原因を評価し対策を行う手法。

3 品質保証のプロセス

❶保証の網（QA ネットワーク）とは、不適合等と工程（プロセス）の関連を一覧化した表。

❷製品安全（PS）とは、製品が市場に流通する前に安全を確保する活動。

❸製造物責任（PL）とは、製品の欠陥によって生じた被害について責任を負うこと。製造物責任法（PL 法）とは、製品の使用によって生じた被害の損害賠償について定めた法律。

❹製品ライフサイクル全体で発生する環境への負荷と影響を定量的に評価する方法をライフサイクルアセスメントという。

4 プロセス保証

❶作業標準書は、作業方法や管理方法などに関する手順を定めたもの。

❷ QC 工程図とは、製品・サービスの生産から提供までの全てのプロセスの流れをフローチャート（流れ図）で示した文書。

❸ QC 工程図には、結果（品質特性）を評価する管理項目と、結果に影響する要因系の管理項目（点検項目ともいう）を記載する。

5 検査

❶検査とは、製品などの特性値に対して測定や試験、ゲージ合わせなどを行い、規定要求事項と比較して、適合や不適合などを判定する活動。

❷全数検査は、ロット全て（母集団）を検査する方法。

❸抜取検査は、ロット（母集団）からサンプルを抜き取って検査する方法。

❹官能検査とは、人間の感覚（視覚や味覚など）で品質を計測する検査。顧客が視覚や味覚で感じる品質を感性品質という。

❺測定誤差とは、測定した値と真の値の間に生じた差。

❻測定誤差には「かたより」と「ばらつき」がある。かたよりは、測定器などのクセによって生じる誤差で、測定値の平均と真の値の差のこと。ばらつきは、測定環境の違いなどによって生じる誤差で、測定値のとる範囲がばらついている広さのこと。

予想問題　問題

問題 1 新製品開発

　　　内に入る最も適切なものを選択肢から選べ。

①製品やサービスの企画から販売、廃棄に至るまで、どの段階でどの部門が、品質保証に関するどのような活動を行うかを示した図を (1) という。

②新製品開発時に用いるツールとして (2) がある。(2) では、製品やサービスに対する顧客のニーズを製造工程で実現するために、顧客のニーズと、それを実現する技術を結びつけた二元表などを用いる。

③新製品の設計段階では、(3) や (4) などの信頼性解析技法を活用し、あらかじめ不具合を予測して対策を検討する。(3) は、システムやプロセスの構成要素で起こりうる故障モードを予測して、その影響や原因を評価し対策を行うことでトラブルを未然に防止する手法である。(4) は、故障や災害などの発生が好ましくない事象をトップ事象に取り上げ、その発生要因との因果関係を AND ゲートや OR ゲートなどの記号を用いて樹形図で表し、発生確率を計算して対策を打つべき要因を決めることでトラブルを未然に防止する手法である。

④新製品の設計では、製品の材料を得るプロセスから、製造、使用、廃棄に至るまでの全てのプロセスで発生する (5) の低減を考える必要もある。また、この全てのプロセスで発生する環境への負荷を定量的に把握し、影響を評価するのが (6) である。

⑤開発過程での成果物を開発者とは別の視点から評価し、品質を確保する設計審査を (7) という。

⑥製造工程での品質保証項目や不適合項目と工程（プロセス）の関連を一覧化した表を (8) という。

⑦製品の欠陥によって使用者に損害を与えた場合、(9) 法で裁かれる場合がある。

【(1) ～ (9) の選択肢】

ア．品質保証体系図　イ．QC 工程図　ウ．保証の網（QA ネットワーク）
エ．品質表　オ．品質機能展開　カ．FMEA　キ．FTA　ク．DR　ケ．PL
コ．製造原価　サ．ライフサイクルコスト　シ．ライフサイクルアセスメント

(1)	(2)	(3)	(4)	(5)	(6)	(7)	(8)	(9)

問題 2 プロセス保証

　　内に入る最も適切なものを選択肢から選べ。

①　(1)　は、製品やサービスの生産から提供までの全工程の流れをフローチャートで表し、各工程における管理項目や、管理水準、管理方法などを記載した文書である。

②　(1)　には、プロセスが目的通りに機能したかの　(2)　を評価する管理項目と、　(2)　に影響する　(3)　系の　(4)　を記載する。

③各工程では、作業の目的や方法などに関する手順を定めた　(5)　に基づいて作業を行う。

④工程異常を発見するには、異常とはどのような状態なのかを　(6)　して、曖昧な判断をしてしまうリスクを極力小さくする。また、異常が発生したときの処置方法について　(7)　を具体的に決めておく。

【　(1)　～　(7)　の選択肢】

ア．QC 工程図　イ．QA ネットワーク　ウ．結果　エ．要因　オ．解析
カ．作業標準書　キ．点検項目　ク．担当者　ケ．5W1H　コ．定義

(1)	(2)	(3)	(4)	(5)	(6)	(7)

9 品質保証

問題3 検査

[　　]内に入る最も適切なものを選択肢から選べ。

①検査の目的のひとつは、製品などの[(1)]が[(2)]に合致していることを保証することである。

②検査は、母集団（ロット）全てを対象に適合・不適合を判定する[(3)]検査と、母集団（ロット）からサンプルを抜き取って合格判定基準と比較し、ロットの合格・不合格を判定する[(4)]検査に分類される。

③[(3)]検査では、[(5)]検査を行うことができない。[(5)]検査ができないことによって品質特性を直接測定することができない場合には、[(6)]を探して品質を保証する。

④[(4)]検査は、サンプル中の不適合品数や不適合数などでロットの合格・不合格を判定する[(7)]抜取検査と、サンプルの寸法や重量などの測定値の統計量でロットの合格・不合格を判定する[(8)]抜取検査に分類される。

⑤[(4)]検査でサンプルを取るときは、[(9)]にサンプルを取る。取ったサンプルの不適合品率とロット全体の不適合品率は必ず同じ[(10)]。

⑥人間の感覚で品質を測定する検査を[(11)]検査という。

⑦計測では、測定器具の管理や、計測の方法の標準化や[(12)]を行うことで、適切な計測ができるように管理する。

【[(1)]～[(12)]の選択肢】

ア．特性値　イ．代用特性　ウ．規定要求事項　エ．顧客の要望　オ．全数
カ．抜取　キ．官能　ク．最終　ケ．破壊　コ．非破壊　サ．計量値　シ．計数値
ス．ランダム　セ．不適合品を選ぶよう　ソ．になる　タ．になるとは限らない
チ．訓練　ツ．見える化

(1)	(2)	(3)	(4)	(5)	(6)	(7)	(8)	(9)

(10)	(11)	(12)

予想問題 解答解説

問題 1 新製品開発

【解答】 (1) ア (2) オ (3) カ (4) キ (5) サ (6) シ (7) ク (8) ウ (9) ケ

POINT

この範囲ではアルファベットの略語が多く出てくるので、英語を一部覚えておくと区別して記憶しやすいです。

DR：Design Review（デザインレビュー）
FMEA：Failure Mode and Effects Analysis（故障モード影響解析）
FTA：Fault Tree Analysis（故障の木解析）
PL 法：Product Liability（製造物責任法）
QA：Quality Assurance（品質保証）

品質保証体系図（QA 体系図）、品質機能展開（QFD）、保証の網（QA ネットワーク）も用語が似ているので、区別しながら説明を覚えましょう。

品質保証体系図（QA 体系図）	品質保証をどの段階でどの部門がどのように行うかを示す。
品質機能展開（QFD）	顧客のニーズとそれを実現する技術を見える化する。品質表などの二元表を用いる。
保証の網（QA ネットワーク）	不適合等と工程の関係を一覧化する。

ほぼ毎回、この問題の中の用語が出題されます。重要な範囲ですので、本文もあわせて何度か復習しましょう。

問題 2 プロセス保証

【解 答】 (1) ア (2) ウ (3) エ (4) キ (5) カ (6) コ (7) ケ

POINT

QC 工程図には、製品やサービスの生産から提供までの各工程における管理項目や点検項目、管理水準、管理方法などを記載します。管理項目は管理点、点検項目は点検点と呼ぶこともあります。

品質を安定させるためには、事前に作業のやり方や異常発生時のルールなどを決めておくことが重要です。作業は、全ての作業員が作業標準書に基づいて行うように、教育・訓練を行うことが重要です。

問題 3 検査

【解 答】 (1) ア (2) ウ (3) オ (4) カ (5) ケ (6) イ (7) シ (8) サ (9) ス (10) タ (11) キ (12) チ

POINT

全数検査では、ロットの全ての製品一つひとつの適合・不適合を判定します。抜取検査では、ロットからランダムにサンプルを抜き取って合格判定基準と比較し、ロット全体の合格・不合格を判定します。抜取検査では、サンプルがロットの状態を正しく表しているとは限らないため、合格・不合格の判定に誤りが生じる可能性があります。

検査の範囲は、○×を選ぶ問題として出題されることもあります。覚えることも少ないため、比較的得点しやすい範囲です。

CHAPTER

10

CHAPTER

10 品質経営の要素

8章や9章に比べて覚えることは少ないですが、
頻繁に出題される範囲です。
配点の高い範囲は特に復習しておきましょう。

★★★ 内容を深く理解しているレベル
★★ 定義と基本的な考え方を理解しているレベル
★ 言葉を知っているレベル

1 方針管理

★

P226

出題分析 毎回平均 3.3/100点

第20回:5点	第21回:0点	第22回:6点	第23回:2点
第24回:0点	第25回:0点	第26回:5点	第27回:5点
第28回:5点	第30回:6点	第31回:0点	第32回:5点

まずは「方針」や「重点課題」などの用語の意味を覚えましょう。方針管理では方針をどのように達成するのか、方針展開はどのように行うのか等もよく問われます。

2 日常管理

★★

P228

出題分析 毎回平均 4.3/100点

第20回:2点	第21回:5点	第22回:0点	第23回:6点
第24回:6点	第25回:7点	第26回:6点	第27回:0点
第28回:4点	第30回:6点	第31回:6点	第32回:3点

この章の中では一番ボリュームがあります。「分掌業務」や「管理項目」などの用語の意味を中心に覚え、日常管理の進め方について理解しましょう。

3 標準化 ★

P231

出題分析 毎回平均 3.6/100点

第20回:5点	第21回:0点	第22回:0点	第23回:5点
第24回:5点	第25回:0点	第26回:8点	第27回:4点
第28回:5点	第30回:5点	第31回:5点	第32回:1点

最近はほぼ毎回出題されます。標準化の目的や社内標準化の進め方がよく問われます。また、「標準」とは何なのかを答えられるように覚えておきましょう。

4 小集団活動・人材育成 ★★

P233

出題分析 毎回平均 5.2/100点

第20回:7点	第21回:7点	第22回:10点	第23回:5点
第24回:0点	第25回:7点	第26回:4点	第27回:0点
第28回:2点	第30回:4点	第31回:5点	第32回:11点

主にQCサークル活動について問われます。QCサークルの特徴や活動の進め方を覚えておきましょう。人材育成の範囲では「OJT」や「階層別教育」などの用語を中心に覚えておきましょう。

5 品質マネジメントシステム ★

P235

出題分析 毎回平均 0.3/100点

第20回:0点	第21回:0点	第22回:0点	第23回:3点
第24回:0点	第25回:0点	第26回:0点	第27回:0点
第28回:0点	第30回:0点	第31回:0点	第32回:0点

あまり出題されません。ISO9001の概要について知っておく程度で良いでしょう。

1 方針管理

毎回平均 3.3/100点

方針（重点課題、目標と方策）

方針とは、組織の使命や中長期計画などを達成するために、経営陣（トップマネジメント）が正式に決めた方向性のことです。JIS Q9023では、「トップマネジメントによって正式に表明された、組織の使命、理念及びビジョン、又は中長期経営計画の達成に関する、組織の全体的な意図及び方向付け」と書かれています。

方針には、重点課題や目標、方策を含めます。

重点課題とは、組織として重点的に取り組み達成すべき事項のことです。組織の方針として決めた、重点的に取り組む事項や、なぜそれに取り組むのかといった背景や目的は、重点課題として明確にする必要があります。

目標とは、重点課題の達成に向けた取り組みの目指す到達点です。目標は、達成できているかについて客観的に測定する必要があります。そのため、目標を設定するときは、達成すべき状態や期限、達成度を評価する基準を明確に決めます。

方策とは、目標を達成するために選ばれる手段です。目標を達成するための手段（方策）はいくつも考えられるため、どの方策を選んでどのように目標を達成していくかを明確にすることが必要です。

方針管理のしくみとその運用

方針管理とは、日常管理に加えて、課題達成や問題解決に取り組む活動です。方針管理では、全部門・全階層で協力し、ベクトル（方向性）を合わせて、管理のサイクルを回しながら方針を重点指向で達成していくことが必要です。

方針の展開とすり合わせ

方針展開とは、上位の方針を、より具体的な下位の方針にブレークダウンしていく活動のことです。方針展開の際は、上位の方針（重点課題・目標・方策）が下位の方針（重点課題・目標・方策）と矛盾しないように、関係者の間ですり合わせ（調整）をすることが重要です。

方針の達成度評価と反省

方針を策定、展開し、実施した後は、方針の達成度を評価します。方針の達成度を評価する際は、目標値を達成できているかのみで評価するのではなく、目標値を達成するための方策が良かったかどうかも分析する必要があります。

2 日常管理

毎回平均 4.3/100点

分掌業務、責任と権限

分掌業務とは、それぞれの部門で日常的に行う分担された業務のことで、決められた標準類※1 を順守しながら効率的に行います。

※1 標準類とは、ものや手順などについて統一化や単純化をしたルールのことです。

日常管理とは、分掌業務の目的を効率的に達成するために必要な全ての活動のことです。日常管理の活動状況を評価するためには、管理項目と管理水準を設定し、異常が見つかった場合には原因追究と対策を行います。日常管理は品質管理の最も基本的な活動です。

日常管理を実施することで、現場責任者へどれくらい責任と権限を持たせるかを明確にすることができます。

参考　日常管理を進める際は、各部門での業務連絡や見える化によって情報を全員で共有し、日常管理の実施後には実施記録を残すことも重要です。

参考　日常管理の項目は、QCD＋PSME※2 や5S※3 などを対象にするほか、方針管理に関する項目をブレークダウンした項目も対象にします。

※2 QCD + PSME：品質（Quality）・コスト（Cost）・納期（Delivery）・生産性（Productivity）・従業員の安全（Safety）・心の健康（Morale）・地球環境保全（Environment）のこと。
※3 5S：整理・整頓・清掃・清潔・しつけのこと。

管理項目（管理点と点検点）、管理項目一覧表

管理項目とは、目標達成を管理するために評価尺度として選定した項目のことです。

参考	管理項目は、プロセスが目的どおりに機能したかを判断するための尺度です。管理項目として考えられる項目は数多くありますが、プロセスの状態を最も正確に評価できる尺度を選ぶようにします。

管理項目のうち、**結果を評価する管理項目を管理点**といい、**結果を生み出す原因や要因を評価する管理項目を点検点**といいます。たとえば、完成した製品の重さと、製品をつくる機械内部の温度を管理項目とした場合、製品の重さ（＝結果）は管理点で、機械内部の温度（＝結果に影響する要因）は点検点です。

参考	管理点のことを「結果系を評価する管理項目」、点検点のことを「要因系を評価する管理項目」と表すこともあります。

管理項目が安定状態※4**にあるかを客観的に評価するための値を管理水準**といいます。

※4 安定状態とは、技術的・経済的に好ましい状態のことです。

選定した管理項目は、管理水準や管理の間隔・頻度などとあわせて**管理項目一覧表**※5にまとめ、役割分担（業務分掌）を明確にして、日常管理を進めます。

※5 9章で学んだQC工程図も管理項目一覧表のひとつです。

異常とその処置

日常管理では、日々のデータを管理図などに記録するなどして、プロセスで発生する異常を発見します。異常を発見した場合は、**異常処理ルールに従って、応急処置**※6**や是正処置**※7**を行います**。また、異常の内容については、責任者に対して**報告・連絡・相談**をしなければなりません。

※6 応急処置：異常を取り除いて工程を良好な状態に戻すこと。
※7 是正処置：異常となった根本原因を追求して再発防止を行うこと。

変化点とその管理

標準類に従って管理を行っていても、4M※8の変化（人の欠勤など）によって、プロセスが安定状態でなくなる場合があります。このため、プロセスにおける重要な要因（4Mなど）の変化点を監視することが重要です。変化点を管理することで、プロセスの安定状態を維持することができます。

※８ 4M：人（Man）、機械（Machine）、材料（Material）、方法（Method）のこと。

参考

日常管理の一般的な進め方は、分掌業務の目的を把握し、目的の達成状況を確認するための管理項目と管理水準を設定するところから始まります。分掌業務を実施した結果（管理項目）が、管理水準を満たしていれば、その状態を維持し、満たしていなければ、応急処置や是正処置を行います。

参考

組織の全員が参加して、品質の維持・向上を図る活動をTQM（総合的品質管理）といいます。TQMを効率的に進めるには、日常管理と方針管理をあわせて進めます。

日常管理は維持活動が基本ですが、改善活動も行います。日常管理に対して、方針管理では、現状を大きく改善する現状打破の改善活動を行います。

3 標準化

毎回平均 3.6/100点

標準化の目的・意義・考え方

関係者の利益や利便が公正に得られることを目的として、ものや手順などについて統一化や単純化するルールを標準といい、標準を設定し、活用する活動を標準化といいます。標準化を進めるためには、関係する全ての人々の協力が必要です。

標準化を行う主な目的として、①相互理解の促進、②互換性の確保、③多様性の調整などが挙げられます。

標準化活動

標準のうち、製品やサービスに関する技術的な事項を規格といいます。標準や規格は、関係者の合意と公的機関の承認によって作られます。

参考	標準は、誰が見ても同じ判断ができるように、具体的に、わかりやすく文章化します。

社内標準化とその進め方

企業単位で行う標準化を社内標準化といい、物と業務について標準化を行います。

社内標準化の主なメリットとして、①方法や部品の統一化・単純化によってコストを低減できる、②ノウハウや技能を蓄積できる、③5M※1によるばらつきが小さくなり、品質の安定や向上ができる、④情報の共有によって、社内の人や顧客との相互理解が進む、⑤業務の正確さとスピードが上がる、などが挙げられます。

※1 5Mとは、4M（人、機械、材料、作業方法）に測定（Measurement）を加えたものです。

社内標準化を決める際には、その標準が①実現可能であること、②内容が具体的かつ客観的な表現で文章化されていること、③関係者の合意によって決められたものであること、④順守しなければならないという権威付けがされていることなどを考えて設定します。

> **参考**
> 設定した標準は、従業員全員が守るように周知や教育を行います。もし標準を活用してみて、現状に合っていないことがわかった場合は、標準の内容を改定したり、廃止したりします。

産業標準化、国際標準化

国家的な標準化の取り組みとして産業標準化や国際標準化があります。日本の国家規格はJIS（日本産業規格）と呼ばれています。また、国際規格の作成を行っている代表的な国際機関としてISO（国際標準化機構）などがあります。

4 小集団活動・人材育成

毎回平均 5.2/100点

小集団活動（QCサークル活動など）とその進め方

小集団活動は、共通の目的を持った少人数のチームで改善活動に取り組む方法の一つです。小集団活動は、主に、職場別グループと目的別グループの２つに分類することができます。

職場別グループは、第一線で働く同じ職場の人々が集まって改善活動を行うボトムアップ型のグループです。代表的なものにQCサークルがあり、活動を自主的に行う点が特徴です。

参考

QCサークル活動の基本理念が書かれている「QCサークルの基本」という本では、「QCサークルとは、第一線の職場で働く人々が継続的に製品・サービス・仕事などの質の管理・改善を行う小グループ」と書かれています。

目的別グループは、特定の目標を達成するために、企業内・企業外を問わず、達成に必要なメンバーを集めて活動を行うトップダウン型のグループです。代表的なものにプロジェクトチームがあり、一定期間の間に経営資源を最も効率よく使って目標を達成し、達成したら解散する点が特徴です。

小集団活動	活動の形	代表例	特徴
職場別グループ	ボトムアップ	QCサークル	活動を自主的に行う点
目的別グループ	トップダウン	プロジェクトチーム	一定期間で目標を達成し、達成したら解散する点

試験ではQCサークル活動についてよく問われます。

QCサークル活動では、明るい職場づくりを進め、人材を育てて能力を十分に発揮させ、企業の体質改善や発展に良い影響を与えることを目指します。

QCサークル活動では、仕事の質の向上だけでなく、製品やサービスの品質の向上や、コストの削減などもテーマにして活動するため、専門的な技術や解析技法が必要です。そのため、他社との意見交換や外部の研修に参加して、能力を向上させることも大事です。

参考	QCサークル活動は自主性を重んじていますが、初期の段階では、経営者や管理者が方針を示したり、環境を整えたり、教育を行うことも重要です。QCサークルメンバーが活動に慣れてきた段階で、自主的に運営できるように任せ、その後は適度に助言や指導を行うことも大切です。

品質管理は教育に始まり教育に終わると言われています。実際の業務を通して教育を行う方法をOJT（On The Job Training）といい、通常の業務から離れて行う研修などをOff-JT（Off The Job Training）といいます。教育には、新入社員から管理職まで階層別に行う教育や、担当業務ごとに機能別に行う教育などがあります。

5 品質マネジメントシステム

毎回平均 0.3/100点

品質マネジメントシステム

品質マネジメントシステムとは、顧客のニーズに応えるために、管理のサイクルを回してプロセスを継続的に改善していくシステムのことです。

ISO9001

ISO9001とは、顧客のニーズに応えるために、管理のサイクルを回してプロセスを継続的に改善し、環境への配慮や標準化活動によって顧客の信頼を得るために組織が行う活動に関する国際規格です。

CHAPTER

10 重要ポイントのまとめ

POINT

1 方針管理

❶方針とは、組織の使命や中長期計画などを達成するために、経営陣が正式に決めた方向性。

❷重点課題とは、組織として重点的に取り組み達成すべき事項。

❸目標とは、重点課題の達成に向けた取り組みの目指す到達点。

❹方策とは、目標を達成するために選ばれる手段。

2 日常管理

❶分掌業務とは、それぞれの部門で日常的に行う分担された業務。

❷日常管理とは、分掌業務の目的を効率的に達成するために必要な全ての活動。

❸管理項目のうち、結果を評価するものを管理点、要因を評価するものを点検点という。

❹管理水準とは、管理項目が安定状態にあるかを評価するための値。

3 標準化

❶ものや手順などについて統一化や単純化するルールを標準といい、標準を設定し、活用する活動を標準化という。

4 小集団活動・人材育成

❶小集団活動は、共通の目的を持った少人数のチームで改善活動に取り組む方法の一つ。

小集団活動	活動の形	代表例	特徴
職場別グループ	ボトムアップ	QCサークル	活動を自主的に行う点
目的別グループ	トップダウン	プロジェクトチーム	一定期間で目標を達成し、 達成したら解散する点

予想問題 問題

問題1 品質経営の要素①

［　　］内に入る最も適切なものを選択肢から選べ。

①トップマネジメントによって正式に表明された、組織の使命、理念及びビジョン、または中長期経営計画の達成のための、組織の全体的な意図と方向づけを［(1)］という。

②組織の［(1)］として決めた重点的に取り組む事項や、なぜそれに取り組むのかといった背景や目的は［(2)］として明確にする必要がある。［(2)］とは、組織として重点的に取り組み達成すべき事項のことである。

③［(2)］の達成に向けた取り組みの目指す到達点を［(3)］という。［(3)］は、実施した結果について客観的に［(4)］であることが必要である。

④［(3)］を達成するために選ばれる手段を［(5)］という。

⑤［(1)］を全部門と全階層の参画のもとで、ベクトルを合わせ、［(6)］を回しながら重点指向で達成していく活動を［(7)］という。

⑥上位方針をより具体的な下位方針にブレークダウンしていく活動を［(8)］という。［(8)］では上位方針と下位方針の間に矛盾が生じないよう、関係者間で［(9)］が必要である。

【［(1)］～［(9)］の選択肢】

ア．品質マネジメント　イ．方針　ウ．方針展開　エ．目標
オ．目的　カ．方策　キ．重点課題　ク．管理のサイクル
ケ．すり合わせ　コ．測定可能　サ．方針管理　シ．日常管理

(1)	(2)	(3)	(4)	(5)	(6)	(7)	(8)	(9)

問題 2 日常管理

［　　］内に入る最も適切なものを選択肢から選べ。

①組織のそれぞれの部門において、日常的に実施しなければならない［(1)］を、決められた［(2)］を順守しながら効率的に行う。日常管理とは、［(1)］の目的を効率的に達成するために必要な全ての活動である。

②日常管理の達成状況を評価するためには、［(3)］と［(4)］を設定する。［(3)］とは、目標達成を管理するための評価尺度として選定した項目のことである。［(3)］のうち、結果系を評価する項目を［(5)］、要因系を評価する項目を［(6)］という。［(4)］とは、［(3)］が［(7)］にあるかを客観的に評価するための値である。

【［(1)］～［(7)］の選択肢】

ア．業務連絡　イ．分掌業務　ウ．標準類　エ．管理項目　オ．管理水準

カ．管理点　キ．点検点　ク．変更点　ケ．異常状態　コ．安定状態

(1)	(2)	(3)	(4)	(5)	(6)	(7)

問題 3 品質経営の要素②

［　　］内に入る最も適切なものを選択肢から選べ。

①関係者の利益や利便のために、ものや手順などについて統一化や単純化をするルールを［(1)］といい、［(1)］を設定し、活用する活動を［(2)］という。

②企業単位で行う社内［(2)］では、社内関係者の［(3)］によって［(4)］な［(1)］を設定する。また、その内容は具体的かつ［(5)］表現で成文化されていることや、順守しなければならないという［(6)］がされていることなどが必要である。また、成文化されたものは必要に応じて［(7)］し、常に現状に即した状態に維持する。

③［(2)］の目的の一つとして、関係者間での情報伝達や意思疎通が容易になるという「［(8)］」が挙げられる。

④ ISO9000 シリーズにおける品質保証とは、顧客のニーズに応えるために［(9)］を継続的に改善し、環境への配慮や［(2)］活動によって信頼性を向上させるた

めに組織が行う活動である。

【 (1) ～ (9) の選択肢】

ア．規格　イ．標準　ウ．標準化　エ．雰囲気　オ．権威付け　カ．合意

キ．実行可能　ク．抽象的　ケ．客観的　コ．改定　サ．教育　シ．プロセス

ス．相互理解の促進　セ．互換性の確保　ソ．多様性の調整

(1)	(2)	(3)	(4)	(5)	(6)	(7)	(8)	(9)

問題 4 小集団活動

正しいものには○を、正しくないものには×を選べ。

① QC サークルは、第一線で働く同じ職場の人々が集まって問題を自主的に取り上げ、改善活動を継続的に行うボトムアップ型のグループである。 (1)

② QC サークル活動は自主性を重んじているため、経営者や管理者は関わるべきではない。 (2)

③ QC サークル活動は、品質の向上やコストの削減などもテーマにするため、専門的な技術や解析技法が必要となる場合がある。 (3)

④ QC サークル活動は、明るい職場づくりや人材育成などを目指した活動ではない。 (4)

⑤ QC サークルが他社との意見交換や外部の研修に参加して、能力を向上させることは望ましい。 (5)

⑥プロジェクトチームは、目標達成のための適切なメンバーを集めて一定期間の間に経営資源を最も効率よく使い、目標を達成したら解散するトップダウン型のグループである。 (6)

(1)	(2)	(3)	(4)	(5)	(6)

予想問題 解答解説

問題 1 品質経営の要素①

【解答】 (1) イ (2) キ (3) エ (4) コ (5) カ (6) ク (7) サ (8) ウ (9) ケ

POINT

方針とは、組織の使命や中長期計画などを達成するためにトップマネジメントが正式に決めた方向性のことで、方針には重点課題や目標、方策を含めます。方針を達成するための活動を方針管理といい、上位方針をより具体的な下位方針にブレークダウンする活動を方針展開といいます。

方針管理は比較的よく出題されます。試験問題の難易度はこの問題と同じくらいで、難解な問題は出題されにくい傾向です。

問題 2 日常管理

【解答】 (1) イ (2) ウ (3) エ (4) オ (5) カ (6) キ (7) コ

POINT

日常管理も比較的よく出題されます。出題のパターンや難易度にはばらつきがありますが、問題文を落ち着いて読めば正解できる問題も多くあります。

8章以降の実践編の範囲は、基礎的な用語の知識を身につければ、問題文をよく読むことで正解できる問題がほとんどです。用語の内容をしっかり覚えておきましょう。

問題 3 品質経営の要素②

【解 答】 (1) イ (2) ウ (3) カ (4) キ (5) ケ (6) オ (7) コ (8) ス (9) シ

POINT

社内標準は、関係者の合意によって設定し、実行可能で、具体的かつ客観的表現で成文化されている（文書になっている）こと、順守しなければならないという権威付けがされていることなどが必要です。

標準化の範囲もよく出題されます。特に①②の穴埋め部分を覚えておくと良いでしょう。

問題 4 小集団活動

【解 答】 (1) ○ (2) × (3) ○ (4) × (5) ○ (6) ○

POINT

QC サークル活動では、明るい職場づくりを進め、人材育成などによって企業の体質改善や発展に良い影響を与えることを目指します。

QC サークル活動は自主性を重んじていますが、初期の段階では、経営者や管理者が方針を示したり、環境を整えたり、教育を行うことも重要です。QC サークルメンバーが活動に慣れてきた段階で、直接的な指導から離して自主的に運営できるように任せ、その後は適度に助言や働きかけをするようにします。

試験では、この問題のように○×を選択する問題も多く出題されます。穴埋めで問われることもありますが、その際に重要なキーワードは、QC サークルは「自主的」「継続的」「ボトムアップ」、プロジェクトチームは「一定期間」「経営資源を効率よく使う」「目標達成後解散」「トップダウン」です。

模擬試験

- 試験時間は90分です。
- 解答は解答用紙に記入して下さい。
- 問20の後に付表を掲載しています。
- 一般電卓のみ使用できます。

模擬試験 問題

【問 1】 基本統計量に関する次の文章において、[　　] 内に入るもっとも適切なものを下欄のそれぞれの選択肢からひとつ選べ。ただし、各選択肢を複数回用いることはない。

製品の重量を測定したところ、測定順に 21.1, 22.1, 20.8, 20.7, 21.7 (g) が得られた。このデータから計算した平均値 $\bar{x}$ は [(1)]、中央値 $\tilde{x}$ は [(2)] となる。また、範囲 R は [(3)]、平方和 S は [(4)]、標準偏差 s は [(5)] となる。

【[(1)] ～ [(5)] の選択肢】

ア. 0.538　イ. 0.55　ウ. 0.602　エ. 1.203　オ. 1.4
カ. 1.448　キ. 20.7　ク. 21.1　ケ. 21.28　コ. 21.4

【問 2】 正規分布に関する次の文章において、[　　] 内に入るもっとも適切なものを下欄のそれぞれの選択肢からひとつ選べ。ただし、各選択肢を複数回用いることはない。

一般的に、安定した工程で作られたもののデータの分布は、左右対称な釣鐘型をした正規分布の形に近いことが知られている。

① 正規分布の形状は [(6)] と [(7)] で決まる。

② ある製品の長さ x(単位 mm)は正規分布 $N(50.0, 2.0^2)$ に従うとする。これを $u=\frac{x-50.0}{\boxed{(8)}}$ により標準化すると、u は [(6)] が 0、[(7)] が 1 の標準正規分布に従う。

③ 製品の長さ x が 47.0mm 以下になる確率は [(9)] である。

【[(6)] ～ [(9)] の選択肢】

ア. 母平均　イ. 中央値　ウ. 最頻値　エ. 母標準偏差
オ. 2.0　カ. 4.0　キ. 6.68　ク. 22.66

【問 3】　工程能力指数に関する次の文章において、［　　］内に入るもっとも適切なものを下欄のそれぞれの選択肢からひとつ選べ。ただし、各選択肢を複数回用いることはない。

ある安定状態の工程で製造される製品の重量は正規分布に従い、平均値100.6g、標準偏差0.3gである。この製品の規格上限値は102.0g、規格下限値は100.0gである。これより、工程能力指数 C_p の値は［(10)］、かたよりを考慮した C_{pk} の値は［(11)］であり、［(12)］である。このデータから作成したヒストグラムは［(13)］である。

【［(10)］［(11)］の選択肢】

ア．0.33　　イ．0.67　　ウ．0.78　　エ．1.11　　オ．1.56

【［(12)］の選択肢】

ア．C_p、C_{pk} ともに十分　　イ．C_p は十分、C_{pk} はやや不足

ウ．C_p はやや不足、C_{pk} は不足　　エ．C_p、C_{pk} ともに不足

【［(13)］の選択肢】

ア．

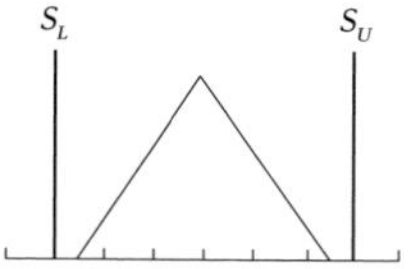

イ．

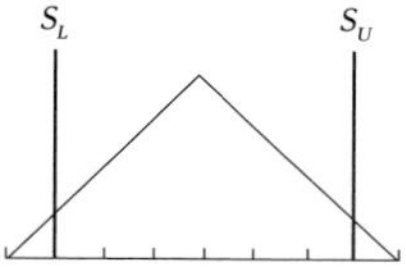

ウ．

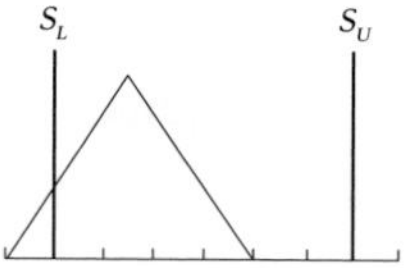

【問 4】 管理図に関する次の文章において、[　　]内に入るもっとも適切なものを下欄のそれぞれの選択肢からひとつ選べ。ただし、各選択肢を複数回用いることはない。

① $\bar{X}-R$ 管理図は[(14)]の分布の平均とばらつきを管理・解析するための管理図である。工程の製品について、大きさ 7 のサンプルを抽出し、これを 25 群分集めた。25 群分の $\bar{X}$ の合計が 2020.5、R の合計が 182 であるとき、管理線を計算すると、

$\bar{X}$ 管理図：$CL=$[(15)]、$UCL=$[(16)]、$LCL=$[(17)]

R 管理図：$CL=$[(18)]、$UCL=$[(19)]、$LCL=$[(20)]

となる。なお、管理線の計算には、表 4 の値を用いた。

表4

n	A_2	D_3	D_4
2	1.880	−	3.267
3	1.023	−	2.575
4	0.729	−	2.282
5	0.577	−	2.114
6	0.483	−	2.004
7	0.419	0.076	1.924

【[(14)]～[(20)]の選択肢】

ア．計数値　イ．計量値　ウ．0.55　エ．3.05　オ．7.28
カ．14.01　キ．41.14　ク．77.77　ケ．80.82　コ．83.87

② p 管理図は[(21)]を、np 管理図は[(22)]を管理・解析するための管理図である。p 管理図と np 管理図は[(23)]分布を基礎とする。

【[(21)]～[(23)]の選択肢】

ア．計数値　イ．計量値　ウ．正規　エ．二項
オ．不適合数　カ．不適合品数　キ．不適合率　ク．不適合品率

【問 5】 ヒストグラムに関する次の文章において、□内に入るもっとも適切なものを下欄のそれぞれの選択肢からひとつ選べ。ただし、各選択肢を複数回用いることはない。

① ヒストグラムは一般的に以下の手順で作成する。

手順 1　仮の区間の数：データ数の (24) を整数値に丸めて求める。

手順 2　区間の幅：データの最大値と最小値の差を区間の数で割り、測定単位の (25) に丸めて求める。

手順 3　第 1 区間の下側境界値：データの最小値から測定単位の (26) を引いて求める。

手順 4　第 1 区間の上側境界値：第 1 区間の下側境界値に区間の幅を足して求める。

手順 5　第 1 区間の中心値：第 1 区間の下側境界値と上側境界値の平均で求める。

(以下省略)

【(24) ～ (26) の選択肢】

ア．二乗　　イ．平方根　　ウ．2 分の 1　　エ．2 倍　　オ．整数倍

② 一般的に、図 5.1 のような形のヒストグラムを (27) と呼ぶ。また、図 5.2 のような形のヒストグラムを (28) と呼ぶ。

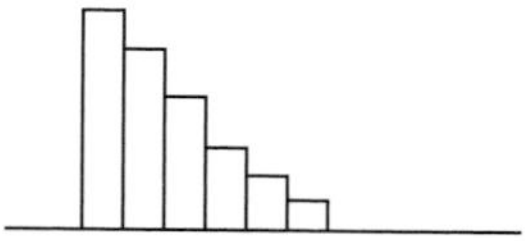

図 5.1

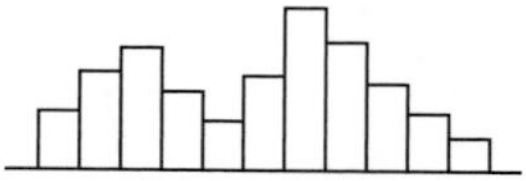

図 5.2

【(27) (28) の選択肢】

ア．二山型　　イ．高原型　　ウ．歯抜け型　　エ．絶壁型　　オ．離れ小島型

【問 6】 次の文章において、□内に入るもっとも適切なものを下欄のそれぞれの選択肢からひとつ選べ。ただし、各選択肢を複数回用いることはない。

製造工程において発生した不適合品を原因別に調べたところ、表 6 のようになった。

表 6

不適合項目	件数
A	100
B	20
C	10
D	80
その他	15
合計	225

表 6 に基づき作成した図として最も適切なものは (29) である。この図を (30) という。この図を用いて、結果への影響の大きい項目から対策を行う。このような考え方を (31) という。不適合数の多い上位 2 項目について対策を行ったところ、不適合数を半分に減らすことに成功した。この場合、対策後の不適合数の合計は対策前の (32) %となる。

【(29) の選択肢】

ア.

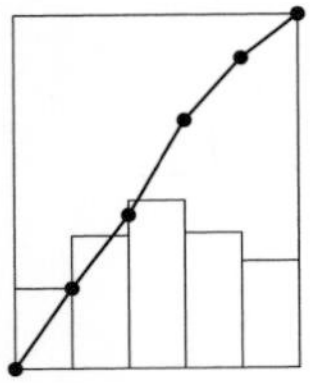

イ.

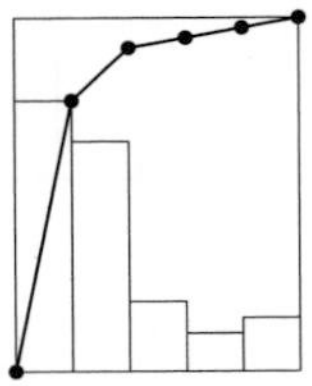

ウ.

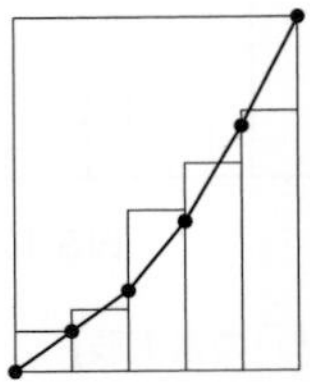

【(30) ～ (32) の選択肢】

ア. 連関図　　イ. パレート図　　ウ. 層別　　エ. レーダーチャート

オ. 重点指向　　カ. 三現主義　　キ. 50　　ク. 60

【問 7】 散布図に関する次の文章において、□内に入るもっとも適切なものを下欄のそれぞれの選択肢からひとつ選べ。ただし、各選択肢を複数回用いることはない。

① A の散布図では、x と y の間には [(33)] である。B の散布図では、x と y の間には [(34)] である。相関係数を求める計算式は $r=$ [(35)] であり、A の散布図から相関係数 r を求めると [(36)] となり、B の散布図から相関係数 r を求めると [(37)] となる。

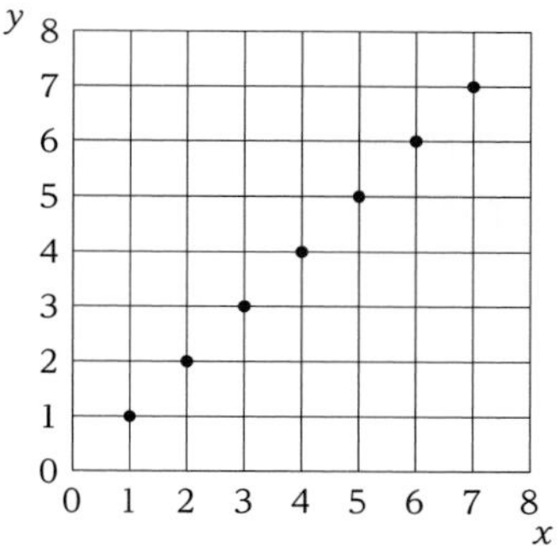

A

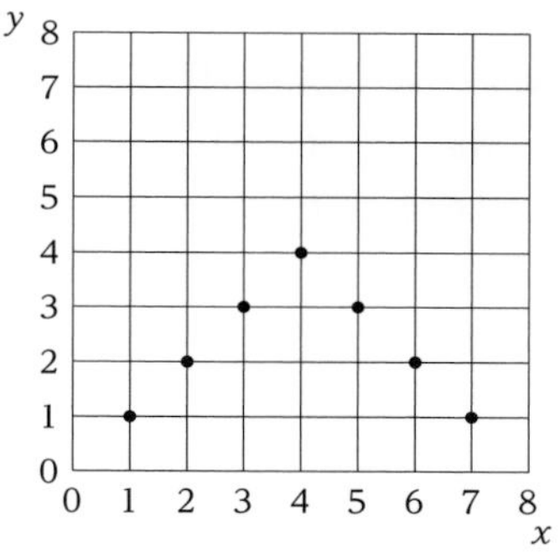

B

【[(33)] [(34)] の選択肢】

ア．正の相関がありそう　イ．負の相関がありそう　ウ．相関がなさそう
エ．曲線的な関係がありそう

【[(35)] ～ [(37)] の選択肢】

ア．$\dfrac{S_{xy}}{\sqrt{S_{xx}S_{yy}}}$　イ．$\dfrac{S_{xy}}{S_{xx}S_{yy}}$　ウ．$\dfrac{\sqrt{S_{xx}S_{yy}}}{S_{xy}}$　エ．$\dfrac{S_{xx}S_{yy}}{S_{xy}}$　オ．$\sqrt{S_{xy}}$

カ．$r=-1$　キ．$-1<r<0$　ク．$r=0$　ケ．$0<r<1$　コ．$r=1$

【問 8】 QC 七つ道具に関する次の文章において、もっとも関連の深いものを下欄のそれぞれの選択肢からひとつ選べ。ただし、各選択肢を複数回用いることはない。

① 仕事の結果と、それを引き起こす原因との関係を矢印を使って系統的に表した。 (38)

② 個々のデータの特徴や共通点に注目して、母集団を分類した。 (39)

③ データの範囲をいくつかの区間に分け、特性値のばらつきや分布の姿を調べた。 (40)

【(38) ～ (40) の選択肢】

ア．層別　イ．パレート図　ウ．特性要因図　エ．ヒストグラム
オ．散布図　カ．チェックシート　キ．管理図

【問 9】 チェックシートに関する次の文章において、□内に入るもっとも適切なものを下欄のそれぞれの選択肢からひとつ選べ。ただし、各選択肢を複数回用いることはない。

① 表 9 のチェックシートは (41) のチェックシートである。

表 9

月日	機械	不適合項目				合計
		A	B	C	D	
3 月 1 日	機械 A	2	3	2	0	7
	機械 B	0	1	0	0	1
3 月 2 日	機械 A	1	3	1	0	5
	機械 B	0	2	0	0	2
3 月 3 日	機械 A	3	4	1	0	8
	機械 B	1	1	0	2	4
3 月 4 日	機械 A	2	3	1	1	7
	機械 B	0	2	0	0	2
3 月 5 日	機械 A	2	4	0	0	6
	機械 B	0	1	0	1	2
合計		11	24	5	4	44

② 表 9 より、5 日間で不適合数が最も多かった不適合項目は (42) で、最も少なかった不適合項目は (43) である。また、機械別に不適合を (44) すると、不適合数は (45) 。

【(41) (44) (45) の選択肢】

ア．不適合位置調査用　イ．不適合要因調査用　ウ．度数分布調査用
エ．点検・確認用　オ．合計　カ．層別
キ．機械Aの方が多い　ク．機械Bの方が多い

【(42) (43) の選択肢】

ア．A　イ．B　ウ．C　エ．D

【問 10】新 QC 七つ道具に関する次の文章において、[ ]内に入るもっとも適切なものを下欄のそれぞれの選択肢からひとつ選べ。ただし、各選択肢を複数回用いることはない。

① [(46)]法とは、目的を達成するための手段を系統的に展開して、最適な手段を追求する手法である。

② [(47)]法とは、原因と結果が複雑に絡み合った問題に対して、その因果関係を論理的に矢線で繋いで整理し、問題の構造を明らかにする手法である。

③ [(48)]法とは、混沌とした問題を言語で表現して、関係のある内容をグルーピングして整理し、ラベル付けをして、解決すべき問題を明らかにする手法である。

④ [(49)]法とは、事前に考えられる障害を予測し、想定されるリスクを回避して、結果を良い方向に導く手法である。

⑤ [(50)]法とは、問題に対して必要な対策の相互関係を矢線で表し、最適な日程計画を立て、効率よく進捗を管理する手法である。

【[(46)]～[(50)]の選択肢】

ア．親和図　　イ．連関図　　ウ．マトリックス図　　エ．アローダイアグラム
オ．系統図　　カ．PDPC　　キ．マトリックスデータ解析

【問 11】次の文章において、□内に入るもっとも適切なものを下欄のそれぞれの選択肢からひとつ選べ。ただし、各選択肢を複数回用いることはない。

① 品質管理の基本的な考え方に、「品質を (51) で作り込む」がある。このためには、(51) を構成する 4M を適切に管理する必要がある。4M とは、人、(52)、材料、方法のことである。

② 4M の変化によって異常が発生することがある。工程で異常が発生したときにまずすべきことは、問題の状況を止めて工程を良好な状態に戻す (53) である。これと同時に、異常の影響を受けた工程で製造された製品が他の工程のものと混じらないように (54) 区分することが必要である。

【(51) ～ (54) の選択肢】

ア．検査　イ．工程　ウ．識別　エ．層別　オ．モラル
カ．機械　キ．PDCA　ク．再発防止　ケ．応急対策　コ．未然防止

③ (53) の後に行うことは、問題発生の真の原因を突き止めて、再び同じ問題を起こさないようにする (55) である。原因を調査するときは、まず (56) を見て、どのプロセスに問題があったのかを確認する。次に (57) を見て、手順に問題がないかを確認する。そして、現場に行って実際の状況を見る (58) によって、管理活動が適切であったかを確認する。

【(55) ～ (58) の選択肢】

ア．重点指向　イ．三現主義　ウ．作業手順書　エ．FMEA
オ．QC 工程図　カ．再発防止　キ．応急対策　ク．未然防止

【問 12】次の文章において、□内に入るもっとも適切なものを下欄のそれぞれの選択肢からひとつ選べ。ただし、各選択肢を複数回用いることはない。

① 悪化した工程の状態を改善するためには、(59) QC ストーリーを用いるのが適切である。(59) QC ストーリーは一般的に次の手順で実施される。

手順 1　テーマの選定

手順 2　現状の把握と目標の設定

手順 3　(60)

手順 4　(61)

手順 5　(62)

手順 6　(63)

手順 7　(64)

手順 8　反省と今後の対応

【(59) ～ (64) の選択肢】

ア．問題解決型　イ．課題達成型　ウ．対策の立案　エ．対策の実施

オ．方策の立案　カ．要因の解析　キ．効果の確認　ク．攻め所の設定

ケ．シナリオの追究　コ．標準化と管理の定着

【問 13】次の文章において、□内に入るもっとも適切なものを下欄のそれぞれの選択肢からひとつ選べ。ただし、各選択肢を複数回用いることはない。

① 品質管理の基本は、客観的なデータに基づいて判断・管理を行うという「(65)に基づく管理」である。

② 工程管理では、製品の特性に特に大きな影響を与える要因を抽出し、管理することで、その要因に関連する品質特性の(66)をできる限り小さくする。

③ 工程における特性と要因との関係を明らかにするのが(67)である。(67)では、特性に影響を与えると考えられる要因をQC七つ道具のひとつである(68)などを用いて整理する。

④ 工程に対する日常の監視は(69)を用いることで異常や傾向を発見する。また、工程が品質を実現する実力の程度については(70)によって数値で把握する。

【(65)～(70)の選択肢】

ア．工程解析	イ．特性解析	ウ．ばらつき	エ．直感
オ．事実	カ．工程能力指数	キ．連関図	ク．特性要因図
ケ．管理図	コ．相関係数		

【問 14】新製品開発に関する次の文章において、もっとも関連の深いものを下欄のそれぞれの選択肢からひとつ選べ。ただし、各選択肢を複数回用いることはない。

① 開発途中の成果物を開発者とは別の視点から確認する設計審査であり、各部署の専門家が参加して行う。 (71)

② 故障などのトラブルをトップ事象として取り上げ、その発生要因との因果関係を樹形図で表し、トラブルの未然防止を図る手法。故障の木解析とも呼ばれる。 (72)

③ 製品の企画から製造、販売、廃棄に至るまで、どの段階でどの部門が、品質保証に関するどのような活動を行うかを示した図。 (73)

【(71) ～ (73) の選択肢】

ア．QC 工程図	イ．FMEA	ウ．FTA	エ．デザインレビュー
オ．保証の網	カ．QCD	キ．作業標準書	ク．品質保証体系図

【問 15】品質の概念に関する次の文章において、［　］内に入るもっとも適切なものを下欄のそれぞれの選択肢からひとつ選べ。ただし、各選択肢を複数回用いることはない。

① 品質とは、「本来もっている特性の集まりが (74) を満たす程度」と定義されている。

② 製品を評価する項目のことを (75) と呼ぶ。 (75) を客観的に評価する指標のことを (76) と呼ぶ。

③ 製品の設計段階で製造の目標として定めた品質を (77) と呼ぶ。一方、実際に出来上がった製品の品質を (78) と呼ぶ。

④ 製品を使用したときに、もしその (76) が十分でないと不満を感じ、十分であっても特に満足も不満も感じない要素を (79) という。一方、その (76) が備わっていれば満足を感じ、なくても不満を感じない要素を (80) という。

【(74) ～ (80) の選択肢】

ア．工程能力	イ．要求事項	ウ．代用特性	エ．品質特性
オ．品質要素	カ．ねらいの品質	キ．当たり前品質	ク．要求品質
ケ．魅力的品質	コ．できばえの品質		

【問 16】 方針管理に関する次の文章において、□内に入るもっとも適切なものを下欄のそれぞれの選択肢からひとつ選べ。ただし、各選択肢を複数回用いることはない。

① 方針管理とは、中長期経営計画などをもとに、トップマネジメントによって正式に表明された方針に対し、組織全体で協力し、ベクトルを合わせて、(81)を回しながら重点指向で達成していく一連の活動である。そして、この上位の方針をより具体的な下位の方針にブレークダウンしていく活動が(82)である。

② 方針には、(83)、(84)、(85)を含める。(83)とは、組織として重点的に取り組み達成すべき事項のことである。(84)は、重点課題の達成に向けた取り組みの目指す到達点である。(85)は、目標を達成するために選ばれる手段である。

【(81)～(85)の選択肢】

ア．人材育成　　イ．目標　　ウ．要求事項　　エ．重点課題
オ．管理のサイクル　　カ．方策　　キ．方針設計　　ク．方針展開
ケ．すり合わせ　　コ．重点指向

【問 17】 日常管理に関する次の文章において、□内に入るもっとも適切なものを下欄のそれぞれの選択肢からひとつ選べ。ただし、各選択肢を複数回用いることはない。

① 日常管理とは、組織の各部門で日常的に行う(86)について、その目的を効率的に達成するために必要な全ての活動のことである。(86)の目的の達成状況を確認するためには、管理項目と管理水準を設定することが必要である。

② 管理項目のうち、結果を評価する項目を(87)と呼び、結果を生み出す原因や要因を評価する項目を(88)と呼ぶ。

③ 管理水準とは、管理項目が(89)にあるかを客観的に評価するための値である。

【(86)～(89)の選択肢】

ア．確認点　　イ．点検点　　ウ．管理点　　エ．変化点　　オ．分掌業務
カ．評価尺度　　キ．安定状態　　ク．想定内

【問 18】次の文章で正しいものには○、正しくないものには×を選べ。

① 製品やサービスの特性値に対して、測定や試験、ゲージ合わせなどを行い、規定要求事項に適合しているかどうかを判定する活動を検査という。 (90)

② 検査では、誰が行なっても同じ結果が得られるように、作業方法や判定基準の標準化を行うことが重要である。 (91)

③ 検査をする人の知識や技能を向上するためには、個人やグループでの学習が重要であり、会社としての教育は不要である。 (92)

④ 検査には、ロット全てを検査する抜取検査や、ロットからサンプルを抽出して検査する全数検査がある。 (93)

【問 19】標準化に関する次の文章において、[　　]内に入るもっとも適切なものを下欄のそれぞれの選択肢からひとつ選べ。ただし、各選択肢を複数回用いることはない。

関係者間で利益や利便が (94) に得られるように、ものや手順などについて統一化や (95) を図り、定めた取り決めが標準である。

標準を設定し、活用する活動を標準化という。企業単位で行う標準化を社内標準化といい、社内標準は関係者の (96) によって定める。社内標準の内容は、(97) 可能なことや、具体的かつ (98) な表現で文章化されていること、遵守しなければならないという (99) がされていることなどが必要である。

【(94) ～ (99) の選択肢】

ア．公正　イ．適度　ウ．単純化　エ．理解　オ．合意
カ．権威付け　キ．抽象的　ク．客観的　ケ．実行　コ．変更

【問 20】QC サークル活動に関する次の文章で正しいものには○、正しくないものには×を選べ。

① QC サークル活動で製品やサービスの品質の向上やコストの削減もテーマとして扱う場合、専門技術や解析技法が必要となる。 (100)

② QC サークル活動は、自主性を重んじているため、経営者や管理者は関わらない方が望ましい。 (101)

③ QC サークル活動では、他社との意見交換や外部の研修に参加するなどして、能力を向上させることも重要である。 (102)

④ QC サークル活動は、目標を達成すると解散するトップダウン型のグループである。 (103)

付表

正規分布表

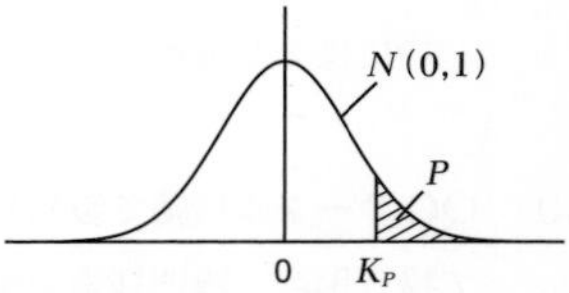

(Ⅰ) K_PからPを求める表

K_P	*=0	1	2	3	4	5	6	7	8	9
0.0*	.5000	.4960	.4920	.4880	.4840	.4801	.4761	.4721	.4681	.4641
0.1*	.4602	.4562	.4522	.4483	.4443	.4404	.4364	.4325	.4286	.4247
0.2*	.4207	.4168	.4129	.4090	.4052	.4013	.3974	.3936	.3897	.3859
0.3*	.3821	.3783	.3745	.3707	.3669	.3632	.3594	.3557	.3520	.3483
0.4*	.3446	.3409	.3372	.3336	.3300	.3264	.3228	.3192	.3156	.3121
0.5*	.3085	.3050	.3015	.2981	.2946	.2912	.2877	.2843	.2810	.2776
0.6*	.2743	.2709	.2676	.2643	.2611	.2578	.2546	.2514	.2483	.2451
0.7*	.2420	.2389	.2358	.2327	.2296	.2266	.2236	.2206	.2177	.2148
0.8*	.2119	.2090	.2061	.2033	.2005	.1977	.1949	.1922	.1894	.1867
0.9*	.1841	.1814	.1788	.1762	.1736	.1711	.1685	.1660	.1635	.1611
1.0*	.1587	.1562	.1539	.1515	.1492	.1469	.1446	.1423	.1401	.1379
1.1*	.1357	.1335	.1314	.1292	.1271	.1251	.1230	.1210	.1190	.1170
1.2*	.1151	.1131	.1112	.1093	.1075	.1057	.1038	.1020	.1003	.0985
1.3*	.0968	.0951	.0934	.0918	.0901	.0885	.0869	.0853	.0838	.0823
1.4*	.0808	.0793	.0778	.0764	.0749	.0735	.0721	.0708	.0694	.0681
1.5*	.0668	.0655	.0643	.0630	.0618	.0606	.0594	.0582	.0571	.0559
1.6*	.0548	.0537	.0526	.0516	.0505	.0495	.0485	.0475	.0465	.0455
1.7*	.0446	.0436	.0427	.0418	.0409	.0401	.0392	.0384	.0375	.0367
1.8*	.0359	.0351	.0344	.0336	.0329	.0322	.0314	.0307	.0301	.0294
1.9*	.0287	.0281	.0274	.0268	.0262	.0256	.0250	.0244	.0239	.0233
2.0*	.0228	.0222	.0217	.0212	.0207	.0202	.0197	.0192	.0188	.0183
2.1*	.0179	.0174	.0170	.0166	.0162	.0158	.0154	.0150	.0146	.0143
2.2*	.0139	.0136	.0132	.0129	.0125	.0122	.0119	.0116	.0113	.0110
2.3*	.0107	.0104	.0102	.0099	.0096	.0094	.0091	.0089	.0087	.0084
2.4*	.0082	.0080	.0078	.0075	.0073	.0071	.0069	.0068	.0066	.0064
2.5*	.0062	.0060	.0059	.0057	.0055	.0054	.0052	.0051	.0049	.0048
2.6*	.0047	.0045	.0044	.0043	.0041	.0040	.0039	.0038	.0037	.0036
2.7*	.0035	.0034	.0033	.0032	.0031	.0030	.0029	.0028	.0027	.0026
2.8*	.0026	.0025	.0024	.0023	.0023	.0022	.0021	.0021	.0020	.0019
2.9*	.0019	.0018	.0018	.0017	.0016	.0016	.0015	.0015	.0014	.0014
3.0*	.0013	.0013	.0013	.0012	.0012	.0011	.0011	.0011	.0010	.0010
3.5	.2326E-3									
4.0	.3167E-4									
4.5	.3398E-5									
5.0	.2867E-6									
5.5	.1899E-7									

(Ⅱ) PからK_Pを求める表

P	.001	.005	0.01	.025	.05	.1	.2	.3	.4
K_P	3.090	2.576	2.326	1.960	1.645	1.282	.842	.524	.253

(Ⅲ) PからK_Pを求める表

P	*=0	1	2	3	4	5	6	7	8	9
0.00*	∞	3.090	2.878	2.748	2.652	2.576	2.512	2.457	2.409	2.366
0.0*	∞	2.326	2.054	1.881	1.751	1.645	1.555	1.476	1.405	1.341
0.1*	1.282	1.227	1.175	1.126	1.080	1.036	.994	.954	.915	.878
0.2*	.842	.806	.772	.739	.706	.674	.643	.613	.583	.533
0.3*	.524	.496	.468	.440	.412	.385	.358	.332	.305	.279
0.4*	.253	.228	.202	.176	.151	.126	.100	.075	.050	.025

解答用紙

問1	(1)	
	(2)	
	(3)	
	(4)	
	(5)	
問2	(6)	
	(7)	
	(8)	
	(9)	
問3	(10)	
	(11)	
	(12)	
	(13)	
問4	(14)	
	(15)	
	(16)	
	(17)	
	(18)	
	(19)	
	(20)	
	(21)	
	(22)	
	(23)	
問5	(24)	
	(25)	
	(26)	
	(27)	
	(28)	
問6	(29)	
	(30)	
	(31)	
	(32)	
問7	(33)	
	(34)	
	(35)	
	(36)	
	(37)	

問8	(38)	
	(39)	
	(40)	
問9	(41)	
	(42)	
	(43)	
	(44)	
	(45)	
問10	(46)	
	(47)	
	(48)	
	(49)	
	(50)	
問11	(51)	
	(52)	
	(53)	
	(54)	
	(55)	
	(56)	
	(57)	
	(58)	
問12	(59)	
	(60)	
	(61)	
	(62)	
	(63)	
	(64)	
問13	(65)	
	(66)	
	(67)	
	(68)	
	(69)	
	(70)	
問14	(71)	
	(72)	
	(73)	

問15	(74)	
	(75)	
	(76)	
	(77)	
	(78)	
	(79)	
	(80)	
問16	(81)	
	(82)	
	(83)	
	(84)	
	(85)	
問17	(86)	
	(87)	
	(88)	
	(89)	
問18	(90)	
	(91)	
	(92)	
	(93)	
問19	(94)	
	(95)	
	(96)	
	(97)	
	(98)	
	(99)	
問20	(100)	
	(101)	
	(102)	
	(103)	

模擬試験 解答解説

問1	(1)	ケ
	(2)	ク
	(3)	オ
	(4)	カ
	(5)	ウ
問2	(6)	ア
	(7)	エ
	(8)	オ
	(9)	キ
問3	(10)	エ
	(11)	イ
	(12)	ウ
	(13)	ウ
問4	(14)	イ
	(15)	ケ
	(16)	コ
	(17)	ク
	(18)	オ
	(19)	カ
	(20)	ウ
	(21)	ク
	(22)	カ
	(23)	エ
問5	(24)	イ
	(25)	オ
	(26)	ウ
	(27)	エ
	(28)	ア
問6	(29)	イ
	(30)	イ
	(31)	オ
	(32)	ク
問7	(33)	ア
	(34)	エ
	(35)	ア
	(36)	コ
	(37)	ク
問8	(38)	ウ
	(39)	ア
	(40)	エ
問9	(41)	イ
	(42)	イ
	(43)	エ
	(44)	カ
	(45)	キ
問10	(46)	オ
	(47)	イ
	(48)	ア
	(49)	カ
	(50)	エ
問11	(51)	イ
	(52)	カ
	(53)	ケ
	(54)	ウ
	(55)	カ
	(56)	オ
	(57)	ウ
	(58)	イ
問12	(59)	ア
	(60)	カ
	(61)	ウ
	(62)	エ
	(63)	キ
	(64)	コ
問13	(65)	オ
	(66)	ウ
	(67)	ア
	(68)	ク
	(69)	ケ
	(70)	カ
問14	(71)	エ
	(72)	ウ
	(73)	ク
問15	(74)	イ
	(75)	オ
	(76)	エ
	(77)	カ
	(78)	コ
	(79)	キ
	(80)	ケ
問16	(81)	オ
	(82)	ク
	(83)	エ
	(84)	イ
	(85)	カ
問17	(86)	オ
	(87)	ウ
	(88)	イ
	(89)	キ
問18	(90)	○
	(91)	○
	(92)	×
	(93)	×
問19	(94)	ア
	(95)	ウ
	(96)	オ
	(97)	ケ
	(98)	ク
	(99)	カ
問20	(100)	○
	(101)	×
	(102)	○
	(103)	×

問 1　　(1) ケ　(2) ク　(3) オ　(4) カ　(5) ウ

【解き方】

この問題では（偏差）平方和や標準偏差も問われているため、計算補助表を作成した方が素早く計算できます。

計算補助表

						合計
x	21.1	22.1	20.8	20.7	21.7	106.4
x^2	445.21	488.41	432.64	428.49	470.89	2265.64

計算補助表を使って基本統計量を計算していきます。

$$\text{平均値}\ \bar{x}=\frac{x\,\text{の合計}}{n}=\frac{106.4}{5}=21.28$$

中央値 $\tilde{x}$ はデータを大きさ順に並び替えたときに中央に位置する値です。この問題では、21.1 となります。

$$\text{範囲}\ R=\text{最大値}-\text{最小値}=22.1-20.7=1.4$$

$$\text{平方和}\ S=x^2\ \text{の合計}-\frac{(x\,\text{の合計})^2}{n}=2265.64-\frac{106.4^2}{5}=1.448$$

$$\text{標準偏差}\ s=\sqrt{\frac{S}{n-1}}=\sqrt{\frac{1.448}{5-1}}\fallingdotseq 0.602$$

POINT

この問題のように、基本統計量を何種類か計算するときは、x と x^2 の計算補助表を先に作成しておいた方が素早く計算できます。

この問題で計算した基本統計量に加えて、不偏分散の求め方も覚えておきましょう。

$$\text{不偏分散}\ V=\frac{S}{n-1}$$

問2　(6) ア　(7) エ　(8) オ　(9) キ

【解き方】

正規分布の形状を決めるパラメータは「母平均と母標準偏差」です。母標準偏差σの二乗が母分散σ^2なので、正規分布の形状を決めるのは「母平均と母分散」ともいえます。

標準化（規準化）の式は$u=\dfrac{x-\mu}{\sigma}$で、uはZと書かれることもあります。また、分母は「母標準偏差σ」です。正規分布は$N(\mu, \sigma^2)$と書かれるので、うっかり母分散σ^2で計算しないように気をつけましょう。母平均μが0、母標準偏差σ（または母分散σ^2）が1の正規分布を標準正規分布といい、$N(0,1^2)$と表されます。

確率を求めるときに図を描くことで、どの範囲の確率を求めるのかがわかり、間違えにくくなります。

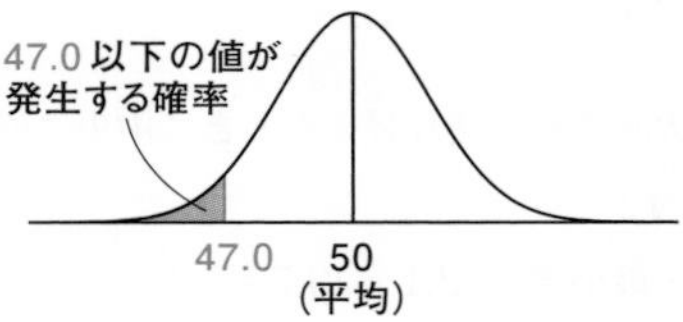

xが47.0mm以下になる確率を求めるために、標準化を行います。

$$Z=\frac{47.0-50.0}{2.0}=-1.5$$

$|Z|=K_P=1.5$より、正規分布表を用いてK_PからPを読み取ると、0.0668と読み取れるので、xが47.0mm以下になる確率は6.68%です。

(I) K_PからPを求める表

K_P	*=0	1	2	3	4	5	6	7	8	9
0.0*	**.5000**	.4960	.4920	.4880	.4840	**.4801**	.4761	.4721	.4681	.4641
0.1*	**.4602**	.4562	.4522	.4483	.4443	**.4404**	.4364	.4325	.4286	.4247
0.2*	**.4207**	.4168	.4129	.4090	.4052	**.4013**	.3974	.3936	.3897	.3859
0.3*	**.3821**	.3783	.3745	.3707	.3669	**.3632**	.3594	.3557	.3520	.3483
0.4*	**.3446**	.3409	.3372	.3336	.3300	**.3264**	.3228	.3192	.3156	.3121
1.1*	**.1357**	.1335	.1314	.1292	.1271	**.1251**	.1230	.1210	.1190	.1170
1.2*	**.1151**	.1131	.1112	.1093	.1075	**.1056**	.1038	.1020	.1003	.0985
1.3*	**.0968**	.0951	.0934	.0918	.0901	**.0885**	.0869	.0853	.0838	.0823
1.4*	**.0808**	.0793	.0778	.0764	.0749	**.0735**	.0721	.0708	.0694	.0681
1.5*	**.0668**	.0655	.0643	.0630	.0618	**.0606**	.0594	.0582	.0571	.0559
⋮						⋮				

POINT

正規分布に従うデータにおける確率は、①図を描く→②標準化する→③正規分布表から確率を求める→④求めた確率が小さすぎたりしていないかについて①の図を見て確認する、の順で求めると、間違いを減らすことができます。確率の求め方のパターンをテキストで復習しておきましょう。

問3　(10) エ　(11) イ　(12) ウ　(13) ウ

【解き方】

まず、C_p を計算します。

$$C_p = \frac{\text{規格上限値}-\text{規格下限値}}{6s} = \frac{102.0-100.0}{6\times 0.3} \fallingdotseq 1.11$$

平均値は規格下限値の側に寄っているため、規格下限値と平均値の差を用いて C_{pk} を計算します。

$$C_{pk} = \frac{\text{平均値に近い方の規格値と平均値の差}}{3s} = \frac{100.6-100.0}{3\times 0.3} \fallingdotseq 0.67$$

工程能力指数の評価基準より、$C_p=1.11$ は工程能力はやや不足、$C_{pk}=0.67$ は工程能力は不足しているといえます。

工程能力指数の評価基準

工程能力指数	評価基準
工程能力指数≥1.33	工程能力は十分である
1.00≤工程能力指数<1.33	工程能力はやや不足している
工程能力指数<1.00	工程能力は不足している

工程能力指数 C_p は 1.11 なので、規格の幅に対して分布の幅は若干小さく、かたよりを考慮した C_{pk} は 0.67 なので、規格外が発生していることがわかります。平均値 100.6g、規格上限値 102.0g、規格下限値 100.0g という条件より、分布は規格下限側に寄っています。分布の幅が規格の幅よりも小さく、規格外が発生しており、分布が規格下限側に寄っているヒストグラムは選択肢ウのみです。

POINT

工程能力指数を求める公式と評価基準は必ず覚えておきましょう。

加えて、工程能力指数とヒストグラムの関係も覚えておくと良いでしょう。工程能力指数＝1 は、データの分布の幅と規格の幅が等しいことを表します。1 を超えると規格の幅に対して分布の幅が小さいことを表し、また、1 を下回ると規格外が発生していることを表します。

問4　(14) イ　(15) ケ　(16) コ　(17) ク　(18) オ　(19) カ
(20) ウ　(21) ク　(22) カ　(23) エ

【解き方】

まず、CL（中心線）を計算します。

$$\bar{\bar{X}}=\frac{\text{群の平均値}\ \bar{X}\ \text{の合計}}{\text{群の数}}=\frac{2020.5}{25}=80.82$$

$$\bar{R}=\frac{\text{群の範囲}\ R\ \text{の合計}}{\text{群の数}}=\frac{182}{25}=7.28$$

$\bar{\bar{X}}=80.82$ が $\bar{X}$ 管理図の CL、$\bar{R}=7.28$ が R 管理図の CL となります。

群の大きさ n は7なので、管理限界線を計算するための係数は $A_2=0.419$、$D_3=0.076$、$D_4=1.924$ を選びます。

$\bar{X}$ 管理図の UCL と LCL は次の式で計算します。

$$UCL=\bar{\bar{X}}+A_2\times\bar{R}=80.82+0.419\times7.28\fallingdotseq83.87$$
$$LCL=\bar{\bar{X}}-A_2\times\bar{R}=80.82-0.419\times7.28\fallingdotseq77.77$$

R 管理図の UCL と LCL は次の式で計算します。

$$UCL=D_4\times\bar{R}=1.924\times7.28\fallingdotseq14.01$$
$$LCL=D_3\times\bar{R}=0.076\times7.28\fallingdotseq0.55$$

POINT

管理図の管理線の計算は確実にできるようになっておきましょう。

$\bar{X}-R$ 管理図は、計量値の分布の平均($\bar{X}$)とばらつき(R)を管理します。p 管理図は不適合品率を、np 管理図は不適合品数を管理します。「不適合品数」「不適合品率」は不適合のある製品の数や発生割合を表し、「不適合数」「不適合率」は不適合項目の数や発生割合を表します。意味が違うため、覚えておきましょう。また、p 管理図と np 管理図は二項分布を基礎とする管理図です。

問5　（24）イ　（25）オ　（26）ウ　（27）エ　（28）ア

POINT

ヒストグラムの形の名前と特徴を覚えておきましょう。この問題では問われていませんが、どのようなときに二山型や絶壁型などが現れるのかが問われることもあります。

ヒストグラムの作成手順については、実際に計算する問題も出題されるため、「データ数の平方根」や「測定単位の整数倍に丸める」計算の仕方も復習しておきましょう。「データ数の平方根」は、電卓にデータの数を入力し、「√」を押すと値が表示されます。「測定単位の整数倍に丸める」とは、測定されたデータが0.1きざみで記録されているときは区間の幅も0.1単位にする、ということです。試験で整数倍に丸めるときは、測定単位の1けた下の数値を四捨五入します（測定単位が0.1単位であれば、0.01のけたの数値を四捨五入します）。

問6　（29）イ　（30）イ　（31）オ　（32）ク

【解き方】

不適合数の多い上位2項目はA(100)とD(80)です。対策を行ったことで、Aは50、Dは40に減少しました。対策後の不適合数の合計は、Aから順に足していくと50+20+10+40+15=135となり、対策後の不適合数の合計は対策前の60%$\left(\frac{135}{225}=0.6\right)$と求めることができます。

POINT

パレート図は重点指向の考え方に基づき、結果への影響の大きい要因をグラフで表す手法です。この問題の内容以外にも、パレート図の作成手順などもよく問われるため、復習しておきましょう。

問7　(33) ア　(34) エ　(35) ア　(36) コ　(37) ク

【解き方】

Bの散布図の相関係数を計算します。まず、グラフからxとyの値を読み取り、計算補助表を作ります。

計算補助表

No.	x	y	x^2	y^2	$x \times y$
1	1	1	1	1	1
2	2	2	4	4	4
3	3	3	9	9	9
4	4	4	16	16	16
5	5	3	25	9	15
6	6	2	36	4	12
7	7	1	49	1	7
合計	28	16	140	44	64

表をもとに偏差平方和と偏差積和を求めます。

$$S_{xx}=x^2\text{の合計}-\frac{(x\text{の合計})^2}{n}=140-\frac{28^2}{7}=28$$

$$S_{yy}=y^2\text{の合計}-\frac{(y\text{の合計})^2}{n}=44-\frac{16^2}{7}\fallingdotseq 7.43$$

$$S_{xy}=x\times y\text{の合計}-\frac{(x\text{の合計})\times(y\text{の合計})}{n}=64-\frac{28\times 16}{7}=0$$

相関係数の公式に代入します。

$$r=\frac{S_{xy}}{\sqrt{S_{xx}S_{yy}}}=\frac{0}{\sqrt{28\times 7.43}}=0$$

POINT

散布図と相関係数はセットで出題されます。散布図で点が一直線上に並んでいるときは、右肩上がりのときは相関係数は1、右肩下がりのときは相関係数は－1となります。この問題ではAの散布図は点が一直線上に並んでいるので、相関係数を計算する必要はなく、1とわかります。Bの散布図のように、点の値を読み取って相関係数を計算するときは、計算補助表を作っておくと便利です。

問8　（38）ウ　（39）ア　（40）エ

POINT

層別の注意点や、特性要因図の作成手順・矢印の名前（背骨・大骨・小骨など）が詳しく問われることもあります。QC 七つ道具については、どの範囲が問われても対応できるようによく復習しておきましょう。

問9　（41）イ　（42）イ　（43）エ　（44）カ　（45）キ

POINT

チェックシートの範囲では、チェックシートから情報を読み取る問題が多く出題されます。「機械別に不適合を層別する」とは、不適合を機械ごとに分けて考える、ということです。機械 A の不適合数の合計は 7+5+8+7+6=33、機械 B の不適合数の合計は 1+2+4+2+2=11 なので、機械 A の方が不適合数が多いとわかります。

問10　（46）オ　（47）イ　（48）ア　（49）カ　（50）エ

POINT

新 QC 七つ道具は、7 つの手法の特徴を覚えておくだけで毎回 5 点前後得点できます。各手法の特徴と名前をセットで覚え、各手法がどのような図を用いるのかをイメージできるようにしておきましょう。

問 11　(51) イ　(52) カ　(53) ケ　(54) ウ　(55) カ　(56) オ　(57) ウ　(58) イ

POINT

品質管理の基本的な考え方に「品質を工程で作り込む」というプロセス重視の考え方があります。文章問題はよく読めば正解できる問題が多いため、選択肢を確認しながら焦らず読むようにしましょう。

問 12　(59) ア　(60) カ　(61) ウ　(62) エ　(63) キ　(64) コ

POINT

悪化した工程の状況を改善するためには問題解決型 QC ストーリーを、現状を大きく改善するためには課題達成型 QC ストーリーを用いるのが適切です。

QC ストーリーの手順はこの問題のような穴埋め方式で問われることが多いため、問題解決型と課題達成型の両方について復習しておきましょう。

問 13　(65) オ　(66) ウ　(67) ア　(68) ク　(69) ケ　(70) カ

POINT

工程管理では、品質特性のばらつきをできる限り小さくすることが重要です。品質特性と要因の関係を整理するには、特性要因図や散布図、連関図などの手法を用います。また、工程に対する日常の監視は管理図や工程能力指数などによって行います。

問 14　（71）エ　（72）ウ　（73）ク

POINT

DR（デザインレビュー）、FTA（故障の木解析）、FMEA（故障モード影響解析）、品質保証体系図（QA 体系図）、QC 工程図は特によく出題されます。内容を区別して覚えておきましょう。

問 15　（74）イ　（75）オ　（76）エ　（77）カ　（78）コ　（79）キ　（80）ケ

POINT

品質の概念は比較的覚えやすい範囲です。この問題の内容はそのまま覚えておきましょう。

問 16　（81）オ　（82）ク　（83）エ　（84）イ　（85）カ

POINT

方針管理の範囲で重要な用語は「管理のサイクル」「方針展開」「重点課題」「目標」「方策」です。

問 17　（86）オ　（87）ウ　（88）イ　（89）キ

POINT

日常管理の範囲で重要な用語は「分掌業務」「管理項目」「管理水準」「結果系の管理点」「要因系の点検点」です。

問18　(90) ○　(91) ○　(92) ×　(93) ×

POINT

検査をする人の知識や技術を向上させるためには、個人やグループでの学習だけでなく、会社として教育や訓練を行うことが重要であるため、③は誤りです。

検査の種類として全数検査や抜取検査がありますが、ロット全てを検査するのは全数検査、ロットからサンプルを抽出して検査をするのは抜取検査です。④は全数検査と抜取検査の説明が逆なので誤りです。

問19　(94) ア　(95) ウ　(96) オ　(97) ケ　(98) ク　(99) カ

POINT

近年、標準に関する問題の出題が多くなっています。標準化の進め方や、標準化の目的について復習しておきましょう。

問20　(100) ○　(101) ×　(102) ○　(103) ×

POINT

QCサークル活動は自主性を重んじていますが、経営者や管理者が環境を整備することや、適度に助言や指導を行うことは必要です。よって、②は誤りです。

また、QCサークル活動は継続的に行うボトムアップ型の活動です。目標を達成すると解散するトップダウン型のグループはプロジェクトチームの説明なので、④は誤りです。

INDEX 索引

MEMO

MEMO

[著者紹介]
深江　葉（ふかえ　よう）

QC検定®1級合格者。理系資格を中心にさまざまな資格書の執筆を行っている。その他の保有資格は日商簿記1級、電験三種など。

• 装丁デザイン：株式会社シンクロ
• 編集協力：TAC出版開発グループ

ゼロからわかる！　QC検定《けんてい》® 3級《きゅう》　テキスト&問題集《もんだいしゅう》　新装版《しんそうばん》

2022年2月22日　初　版　第1刷発行
2023年9月1日　新装版　第1刷発行
2024年4月1日　　　　　第2刷発行

著　　者　深　江　　　葉
発 行 者　多　田　敏　男
発 行 所　TAC株式会社　出版事業部
　　　　　（TAC出版）

〒101-8383
東京都千代田区神田三崎町3-2-18
電話 03(5276)9492(営業)
FAX 03(5276)9674
https://shuppan.tac-school.co.jp

組　　版　有限会社　マーリンクレイン
印　　刷　株式会社　光　邦
製　　本　株式会社　常　川　製　本

ISBN 978-4-300-10917-5
N.D.C. 509.66

書籍の正誤に関するご確認とお問合せについて

書籍の記載内容に誤りではないかと思われる箇所がございましたら、以下の手順にてご確認とお問合せをしてくださいますよう、お願い申し上げます。
なお、正誤のお問合せ以外の**書籍内容に関する解説および受験指導などは、一切行っておりません。**
そのようなお問合せにつきましては、お答えいたしかねますので、あらかじめご了承ください。

1 「Cyber Book Store」にて正誤表を確認する

TAC出版書籍販売サイト「Cyber Book Store」の
トップページ内「正誤表」コーナーにて、正誤表をご確認ください。

CYBER BOOK STORE TAC出版書籍販売サイト

URL:https://bookstore.tac-school.co.jp/

2 1の正誤表がない、あるいは正誤表に該当箇所の記載がない ⇒ 下記①、②のどちらかの方法で文書にて問合せをする

★ご注意ください★

お電話でのお問合せは、お受けいたしません。
①、②のどちらの方法でも、お問合せの際には、「お名前」とともに、
「対象の書籍名(○級・第○回対策も含む)およびその版数(第○版・○○年度版など)」
「お問合せ該当箇所の頁数と行数」
「誤りと思われる記載」
「正しいとお考えになる記載とその根拠」
を明記してください。
なお、回答までに1週間前後を要する場合もございます。あらかじめご了承ください。

① ウェブページ「Cyber Book Store」内の「お問合せフォーム」より問合せをする

【お問合せフォームアドレス】

https://bookstore.tac-school.co.jp/inquiry/

② メールにより問合せをする

【メール宛先　TAC出版】

syuppan-h@tac-school.co.jp

※土日祝日はお問合せ対応をおこなっておりません。
※正誤のお問合せ対応は、該当書籍の改訂版刊行月末日までといたします。

乱丁・落丁による交換は、該当書籍の改訂版刊行月末日までといたします。なお、書籍の在庫状況等により、お受けできない場合もございます。
また、各種本試験の実施の延期、中止を理由とした本書の返品はお受けいたしません。返金もいたしかねますので、あらかじめご了承くださいますようお願い申し上げます。

TACにおける個人情報の取り扱いについて
■お預かりした個人情報は、TAC(株)で管理させていただき、お問合せへの対応、当社の記録保管にのみ利用いたします。お客様の同意なしに業務委託先以外の第三者に開示、提供することはございません(法令等により開示を求められた場合を除く)。その他、個人情報保護管理者、お預かりした個人情報の開示等及びTAC(株)への個人情報の提供の任意性については、当社ホームページ(https://www.tac-school.co.jp)をご覧いただくか、個人情報に関するお問い合わせ窓口(E-mail:privacy@tac-school.co.jp)までお問合せください。

(2022年7月現在)